2019
水文发展年度报告

2019 Annual Report of Hydrological Development

水利部水文司　编著

中国水利水电出版社
www.waterpub.com.cn
·北京·

内 容 提 要

本书通过系统整理和记述 2019 年全国水文改革发展的成就和经验，全面阐述了水文综合管理、规划与建设、水文站网、水文监测、水情气象服务、水资源监测与评价、水质监测与评价、科技教育等方面的情况和进程，通过大量的数据和有代表性的实例，客观地反映了水文工作在经济社会发展中的作用。

本书具有权威性、专业性和实用性，可供从事水文行业管理和业务技术人员使用，也可供水文水资源相关专业的师生或从事相关领域的业务管理人员阅读参考。

图书在版编目（ＣＩＰ）数据

2019 水文发展年度报告 / 水利部水文司编著 ． -- 北京：中国水利水电出版社，2020.9
ISBN 978-7-5170-8836-3

Ⅰ．①2… Ⅱ．①水… Ⅲ．①水文工作－研究报告－中国－2019 Ⅳ．① P337.2

中国版本图书馆 CIP 数据核字（2020）第 171341 号

书　　名	**2019 水文发展年度报告** 2019 SHUIWEN FAZHAN NIANDU BAOGAO
作　　者	水利部水文司 编著
出版发行	中国水利水电出版社 （北京市海淀区玉渊潭南路 1 号 D 座　100038） 网址：www.waterpub.com.cn E-mail：sales@waterpub.com.cn 电话：(010) 68367658（营销中心）
经　　售	北京科水图书销售中心（零售） 电话：(010) 88383994、63202643、68545874 全国各地新华书店和相关出版物销售网点
排　　版	山东水文印务有限公司
印　　刷	山东水文印务有限公司
规　　格	210mm×297mm　16 开本　7.75 印张　105 千字　1 插页
版　　次	2020 年 9 月第 1 版　2020 年 9 月第 1 次印刷
印　　数	0001—1200 册
定　　价	**80.00 元**

主要编写人员

主　　编　　蔡建元

副　主　编　　李兴学　　章树安

主要编写人员

刘　晋	吴梦莹	朱金峰	熊珊珊	杨　丹	潘曼曼
白　葳	戴　宁	刘力源	孙　龙	刘庆涛	胡智丹
李　硕	冉钦朋	宋瑞鹏	熊　莹	陈春华	张　玮
赵　瑾	徐　嘉	吴春熠	付　鹏	张明月	徐小伟
张忆君	宋　枫	刘耀峰	于　淼	王一萍	李　羚
王艳龙	陈　蕾	周瑜粼	张玉洁	金俏俏	徐润泽
张德龙	胡　彧	王　珺	林长清	宾予莲	邬智慧
彭　钰	温子杰	梁　婷	李沁林	杨丹（重庆）	
胡京祚	张　静	庞　楠	次仁玉珍	张　刚	姜　宾
黎　军	伍云华	钟　杨	闫　斌	姚大中	

参编单位

水利部水文水资源监测预报中心

长江水利委员会	江西省水利厅
黄河水利委员会	山东省水利厅
淮河水利委员会	河南省水利厅
海河水利委员会	湖北省水利厅
珠江水利委员会	湖南省水利厅
松辽水利委员会	广东省水利厅
太湖流域管理局	广西壮族自治区水利厅
北京市水务局	海南省水务厅
天津市水务局	重庆市水利局
河北省水利厅	四川省水利厅
山西省水利厅	贵州省水利厅
内蒙古自治区水利厅	云南省水利厅
辽宁省水利厅	西藏自治区水利厅
吉林省水利厅	陕西省水利厅
黑龙江省水利厅	甘肃省水利厅
上海市水务局	青海省水利厅
江苏省水利厅	宁夏回族自治区水利厅
浙江省水利厅	新疆维吾尔自治区水利厅
安徽省水利厅	新疆生产建设兵团水利局
福建省水利厅	山东水文印务有限公司

前　　言

　　水文事业是国民经济和社会发展的基础性公益事业，水文事业的发展历程与经济社会的发展息息相关。《水文发展年度报告》作为反映全国水文事业发展状况的行业蓝皮书，力求从宏观管理的角度，系统、准确阐述年度全国水文事业发展的状况，记述全国水文改革发展的成就和经验，全面、客观反映水文工作在经济社会发展中发挥的重要作用，为开展水文行业管理、制定水文发展战略、指导水文现代化建设等提供参考。报告内容取材于全国水文系统提供的各项工作总结和相关统计资料以及本年度全国水文管理与服务中的重要事件。

　　《2019水文发展年度报告》由综述、综合管理篇、规划与建设篇、水文站网管理篇、水文监测管理篇、水情气象服务篇、水资源监测与评价篇、水质监测与评价篇、科技教育篇等九个部分，以及2019年度全国水文行业十件大事、2019年度全国水文发展统计表组成，供有关单位和读者参阅。

水利部水文司

2020 年 6 月

目　　录

第一部分

综 述

2019 年是中华人民共和国成立 70 周年，是决胜全面建成小康社会的关键一年，也是践行水利改革发展总基调的开局之年。党中央、国务院十分重视水文工作，在 9 月 18 日黄河流域生态保护和高质量发展座谈会上强调，黄河水少沙多、水沙关系不协调，是黄河复杂难治的症结所在。要保障黄河长久安澜，必须紧紧抓住水沙关系调节这个"牛鼻子"。2019 年《政府工作报告》中要求加强和创新社会治理，"做好地震、气象、水文、地质、测绘等工作"，这是在历届政府工作报告中首次对水文工作提出明确要求。

2019 年，全国水文系统认真贯彻落实党中央、国务院决策部署，积极践行治水新思路，围绕"水利工程补短板、水利行业强监管"改革发展总基调，转变思路、真抓实干，为水利改革和经济社会发展提供支撑保障。

支撑水利改革发展总基调作出新贡献。各级水文部门超前部署，充分做好汛前准备，实现对国家基本水文站自查的全覆盖，现场检查和测报演练为历年规模最大、组织最为精细的一年，全年报送各类水雨情信息 13 亿份，准确及时开展预测预报预警，全面完成年度水文测报任务，为科学防御水旱灾害提供了坚实支撑，获得各级地方政府表扬 71 次。特别在迎战超强台风"利奇马"过程中，沿线各省（自治区、直辖市）水文部门连续作战抢测暴雨洪水，滚动分析预报，为防汛调度指挥提供重要决策支持，水文测报成效显著。认真落实国务院关于推动华北地区地下水超采综合治理有关工作部署，在 3 条试点河段开展动态监测和分析评估，取得了十分重要的监测数据与分析成果。实施西辽河流域"量水而行"专项水文监测。开展河湖治理监督性监测和河湖健康评估，支撑河湖长制由全面建立向逐步见效转变。重新确定了反映我国江河湖库地表水水资源质量状况的基本站网布局，推进了全国重要饮用水水源地动态监控，推进了水文服务加快向纵深发展。

水文事业发展呈现新面貌。2019年水文基本建设年度投资计划9.4亿元，地方水文投入力度也在加大，各类建设项目加快实施。水利部启动水文现代化建设规划编制工作，各地加快水文现代化建设步伐，在基础设施建设中强化先进仪器装备的更新配置，圆满完成年度建设任务；国家地下水监测工程全面建成运行并发挥效益，实现了水文能力建设提质提速。地方水文机构改革总体平稳顺利，有些省利用机构改革契机，理顺了水文机构设置管理，如四川省实现全省21个地市州水文机构全覆盖，取得了新突破。水文监测改革深入推进，各级水文部门全面完成年度水文资料整编任务，大幅提升了资料使用时效，为支撑水利监管各项指标制定和监督考核等工作提供了重要基础；改变传统做法，创新水文行业管理举措，以明察暗访方式开展水文站"百站检查"和地下水站"千眼检查"，有力促进了水文测报质量的提高和规范化管理。

党的建设引领精神文明建设取得新成果。首次在水利系统开展"助推绿色发展，建设美丽长江"高层次、大规模水质监测技能竞赛，取得圆满成功。全国13家水文单位和14名水文职工荣获全国水利系统先进集体和先进工作者称号，获得人力资源和社会保障部及水利部表彰，18家水文单位和41处水文测站分别被评为全国水情工作先进集体和全国先进报汛站，4名水文职工入选第二届"最美水利人"，广西壮族自治区桂林市水文水资源局站网监测科长莫建英同志获第九届全国"人民满意的公务员"称号。

第二部分

综合管理篇

2019 年，全国水文系统深入贯彻落实全国水利工作会议精神和全国水文工作会议部署，加快转变工作思路，找差距、补短板，狠抓落实，持续推进水文行业改革、水文能力建设、国际交流合作、水文行业宣传等各项工作任务。

一、部署年度水文工作

2 月 26—27 日，水利部在河南省郑州市召开 2019 年全国水文工作会议。水利部副部长叶建春出席会议并讲话，水利部黄河水利委员会（简称黄委）主任岳中明出席会议并致辞，国家发展和改革委员会（简称国家发展改革委）、中国气象局、国务院发展研究中心和中国农林水利气象工会有关部门负责同志应邀出席会议，水利部有关司局和直属单位负责同志，各流域管理机构、各省（自治区、直辖市）水利（水务）厅（局）、新疆生产建设兵团水利局有关负责同志和水文部门主要负责同志参加会议。会议总结经验、分析形势，部署下一阶段重点工作任务。

叶建春从水文测报工作成绩突出、水文资料整编改革实现历史性突破、水文体制机制改革取得新进展、水文能力建设持续加强、水文服务不断向纵深发展、水文基础工作扎实开展、行业宣传力度不断加大、精神文明建设成果丰硕等方面充分肯定了 2018 年水文工作。强调要将工作重心转到水利改革发展总基调上来，调整优化水文站网体系建设，全面提升水文监测、预测预报和服务支撑能力，使水文成为水利行业监管的"尖兵"和"耳目"。指出当前水文工作的主要矛盾是"新时代水利和经济社会发展对水文服务的需求与水文基础支撑能力不足之间的矛盾",必须通过深化改革和技术创新,全面推进水文现代化建设来加以解决。明确水文改革发展的工作思路是"深入贯彻'节水优先、空间均衡、系统治理、两手发力'治水方针,按照'水利工程补短板,水利行业强监管'的水利改革发展总基调,以推进水文现代化建设为抓手,以完善站网布局和提升监测能力为主线,以强化水利监管支撑服务为重点,以深化体制机制改革创新为保障,全面提升现代化水平,以优质的水文服务为水利和经济社会发展提供可靠支撑"。要求着力做好水文行业管理、水文能力建设提档升级、水旱灾害防御水文测报工作、水利行业强监管的水文支撑、水文行业宣传工作和水文人才队伍建设等六个方面的重点工作。

全国水文系统认真学习贯彻落实 2019 年全国水文工作会议精神,对照会议明确的目标任务和重点工作,结合各地实际研究制定工作方案和具体措施,认真完成年度各项工作任务,做好水利改革和经济社会发展两个水文支撑。

二、政策法规体系建设

1. 优化政务服务,规范行政审批

按照国务院关于全国一体化在线政务服务平台和国家"互联网＋监管"系统建设要求和统一部署,水利部加快推进水利部政务服务平台和"互联网＋监管"系统建设,编制完成水利部政务服务事项和监管事项目录清单,"外国组织或个人在华从事水文活动的审批""国家基本水文测站设立和调整审批""专用水文测站的审批""国家基本水文测站上下游建设影响水文监测工程的审批"等 4 项水文行政审批事项纳入水利部政务服务事项目录清单;对行业组织和评价单位在水文水资源调查评价单位水平评价相关工作的监管纳入水利部监管事项目录清单,并编制完成涉及水文的各项政务服务事项服务指南和审查工作细则,实现办事要件和办事指南标准化、规范化,10 月,水利部办公厅印发了《水

利部政务服务事项服务指南和工作细则》（办政法〔2019〕135 号文件）。按照水利部统一部署，梳理完成水文监管事项检查实施清单，依法明确监管方式、内容和流程，提出事中事后监管措施，录入国家"互联网＋监管"系统；实现"外国组织或个人在华从事水文活动的审批""国家基本水文测站设立和调整审批"在水利部在线政务服务平台"一网通办"。同时，积极落实国务院关于压减审批时间的部署要求，继续优化行政审批事项办理流程，将"国家基本水文测站设立和调整审批"事项的审批办理时限由 20 个工作日调整为 14 个工作日，办理时限压减至法定时限的 70%。

内蒙古自治区规范行政审批，梳理审批权限，由区水利厅开展水文行政审批工作。湖北省制定水文行政审批事项和"对外提供水文资料"公共服务事项办事指南，录入湖北省政务服务平台。湖南省将水文行政审批事项纳入省水利厅行政许可目录，在省水利厅网站办事服务栏目挂网办理，同时在湖南省"互联网＋政务服务"一体化平台正式发布。山西省水文部门按照省水利厅统一要求，进一步推进水文行政审批事项标准化规范化建设，修订完善了工作指南和审批流程。

一年来，水利部本级受理完成松辽水利委员会（简称松辽委）、青海省、四川省 3 项共 3 处国家重要水文站调整审批，各流域管理机构完成国家基本水文测站上下游建设影响水文监测工程的审批事项 57 项。各地进一步规范水文行政审批工作，加强水文测站报批报备管理，吉林、江苏、浙江、湖南、广西、重庆、四川、贵州、云南、陕西、青海等省（自治区、直辖市）受理完成 20 项国家基本水文测站的设立和调整审批，并报水利部备案管理。内蒙古、江苏、浙江、广西、重庆等省（自治区、直辖市）受理完成 6 项国家基本水文测站上下游建设影响水文监测工程的审批，新疆对部分受水利工程、洪水水毁及冲刷等影响的水文站水文测验项目进行了调整审批。山东省、贵州省受理完成 3 项专用水文测站的审批。

2. 加强水行政执法力度，维护水文合法权益

全国水文系统持续推进《中华人民共和国水文条例》的贯彻落实，积极开展水文法制宣传，加强水行政执法力度，依法维护水文合法权益，保护水文监测环境和水文设施。2019 年，长江水利委员会（简称长江委）、黄委、淮河水利委员会（简称淮委）、珠江水利委员会（简称珠江委）、松辽委、太湖流域管理局（简称太湖局）等流域管理机构和北京、天津、河北、黑龙江、安徽、河南、湖北、广西、西藏、陕西、青海等省（自治区、直辖市）水文部门受各水行政主管部门委托，开展水文监测环境和设施保护执法、河湖执法、非法采砂暗访执法、"清四乱"专项行动、扫黑除恶专项行动等水行政执法工作，全年共参与和开展执法巡查、专项调查、暗访等执法行动 10091 次、出动人员 42715 人次，发现水事违法违规行为 548 起，有力支撑了水利行业强监管，保障了水文监测工作的正常开展。

黄委水文局通过集体学习、播放宣传片、知识竞答、专题讲座、义务法律咨询等方式开展水文法规宣传，持续开展"法律六进"之送法进社区、进农村宣传活动，提升了广大群众对黄河水文的关注度，黄委水文局洛阳勘测局获黄委"谁执法谁普法"先进单位。一年来，黄委水文水政监察总队组织 24 支巡查队伍共计 100 余人，行程 3 万多 km，开展河道巡查 176 次、日常测验保护区巡查 1496 次（图 2-1），现场制止水事违法行为 13 起，立案 21 起（图 2-2）。积极参与"清河行动"和"陈年旧案清零行动"，办理咸阳湖南槽水面景观工程影响咸阳水文站监测案、庆城县建设育才路高架桥影响庆阳水文站监测案、平天高速公路秦安特大桥影响秦安水文站案等难案，切实维护了黄河水文合法权益。

淮委水政监察总队水文监察支队以淮河流域省界断面水资源监测站网建设工程为基础，定期对淮河流域水文测站保护范围内影响水文测验的相关活动进行巡查，依法保护水文监测环境和设施，全年共巡开展查 27 次，出动人员 78

图 2-1 黄委水文水政监察总队河道巡查(庆阳水文站)

图 2-2 黄委水文水政监察总队文明执法

人次、车辆 32 次,巡查监管对象 31 处。淮委水文局创新普法宣传形式,运用网站、短信平台以及在水文基础设施附近设置宣传展板、警示牌等方式开展法制宣传,普法教育更加贴近群众生活实际。

松辽委黑龙江上游水政支队对黑龙江干流上游及额尔古纳河沿线水文测站开展了 12 次执法巡查,行程 4500 余 km,对所有水文设施进行全面系统的核查记录,依法保护水文设施。黑龙江中游水文监察支队对管理范围内水文基础设施开展不定期巡查,形成水行政执法检查记录表,维护了水文测报工作稳定有序开展。

河北省通过邀请村民到水文站看展板听讲解，宣传水文法规，同时就村民关心的地下水取水、引流灌溉等问题现场解答，加深村民对基层水文工作了解，拉近水文站与村民距离，促进水文监测环境保护。加强对水文监测断面例行巡查和重点检查，及时发现问题并将水事矛盾化解在萌芽阶段，同时梳理出21起水文监测受影响较为严重的事件报省水利厅，在省水利厅的重视和组织协调下，在水文监测断面植树、挖沙、围堰等影响水文监测的多年未解决问题得到了圆满解决。

安徽省加强水行政执法队伍建设，组织水文职工参加水行政执法资格考试，26人获得了水行政执法资格，通过开展法制宣传和水行政执法、水事矛盾纠纷排查化解等工作，维护水文监测环境，保障了水文测报工作正常有序开展。

河南省组织重新批复的18个水文水资源勘测局水政监察大队，开展集中制作2019年度行政指导案卷工作（图2-3），通过一年的不断磨合实践和培训提升，提高了执法人员工作水平，逐步完善了省、市、测区三级水政监察体系，夯实了依法行政基础支撑。组织开展汛前水文设施与监测环境联合执法、河湖执法、扫黑除恶等专项活动，加大重点案件查处督导力度；对全省126处国家基本水文站监测断面上下游各10km河道范围内开展采砂暗访2824次、出

图2-3 河南省全省水文系统2019年度行政指导案卷集中制作

动人员 8472 人次、车辆 2824 次，行程 11 万余 km，发现采砂或疑似采砂问题 71 个，充分发挥河湖采砂专项整治侦察兵作用。其中，河南省水文水资源局水政监察支队和安阳水文水资源勘测局水政监察大队被评为第九批全省水政监察队伍"文明执法窗口单位"。

湖北省召开全省水文水政监察会议，就提升水文行政执法能力、深入开展扫黑除恶、充分发挥砂管基地作用等工作进行了总结，相关单位就长江河道采砂管理、汉十高铁浪河特大桥工程对何店水文站影响补偿、巡查工作及维护水文合法权利工作开展情况等进行经验交流。

广西壮族自治区结合河湖（库）长制工作要求和水文日常工作，组织开展水文监测环境和设施日常巡查工作，强化自治区、市、县三级水文机构责任落实，形成水文监测环境和设施保护工作长效机制。各县域水文中心站按月巡查水文监测环境和设施设备，全年巡查河长 12462km，巡查率达 100%。各县域水文中心站还主动加强与地方水利部门的沟通联系，在日常巡查中发现问题，及时报告地方水利部门，并配合做好处理工作，确保水文监测工作正常开展。

西藏自治区开展水文设施管理情况执法检查，对违规建设的水文测站以及在水文测站断面采砂、破坏损毁水文设施等违法行为加强检查，同时将档案数据录入水行政执法统计信息系统。

陕西省就青泥湾水文站沿河堤防被群众私占建房影响水文测报工作的事件，与商洛市镇安县政府多部门联合执法，依法强制拆除搭建在防洪通道上的违章建筑物，保障水文测报工作正常开展，维护了水文测报安全生产工作环境。针对西安市自来水公司建设引汉济渭灞河水厂工程影响马渡王水文站水文监测、安康市生态环境局石泉分局修建池河污水处理站影响马池水文站水文监测等多项事件，陕西省有针对性地开展水行政执法，通过实地踏勘、方案评审、沟通协调等多种措施，圆满解决，有效维护了水文测站合法权益。

青海省就格尔木水文站水文监测受涉水工程建设影响事项，积极与工程建设部门沟通协调，落实赔偿经费。

宁夏回族自治区结合水文巡测开展涉黑涉恶情况排查、巡查，及时发现水文站监测断面违规砂厂"四乱"行为1起，上报水利厅进行清理，保障了水文监测工作正常开展。

江西省开展《江西省水文管理办法》执法监督调研工作，为《江西省水文管理办法》上升为《江西省水文条例》做好立法前期工作。江西省水文局联合省普法教育工作领导小组办公室、《新法制报》开展"百万网民学法律"《江西省水文管理办法》专场知识竞赛活动，82991人次参与网络答题，非水文系统参与人数超过95%，水文法制宣传效果显著。2019年全面开展了水文测站确权划界工作，需要确权的145处站点中已有63处完成不动产登记，29处取得国有土地使用证，29处签订用地协议，加大了对水文监测环境和设施设备的保护力度，进一步维护了水文合法权益。

重庆市对有关工程建设影响水文测站事件进行依法追究，针对城开高速公路温泉特大桥影响开州温泉水文站水文监测功能问题，签订了恢复温泉水文站水文监测功能补偿协议和迁建用地协议。针对新长滩水电站建设影响万州长滩水文站运行问题，完成长滩水文站恢复水文监测功能迁建补偿协议签订工作。保证了水文工作秩序。

3. 加快法规制度建设，提高法制化水平

全国水文系统持续推进水文法规及制度建设。水利部组织完成水文条例配套部门规章《水文监测资料汇交管理办法》编制工作。地方水文立法进程取得新进展，1月17日，《陕西省水文条例（修订）》经陕西省第十三届人大常委会第九次会议审议通过，自2019年3月1日起施行。《西藏自治区水文管理办法（修订）》立法前期工作全部完成，待西藏自治区政府常委会审议通过。山东省日照市人民政府出台《日照市水文管理办法》，自2019年2月1日起施行；泰安市东平县人民政府以东政字〔2019〕26号文印发《东平县水文管理办法》，自 2019 年 9 月 1 日起施行，是山东省第一部县级水文管理办法，为进一步规范东平县水文管理、保护水文合法权益、促进水文工作开展提供了法制保障；新泰市人民政府以新政发〔2019〕12 号印发《新泰市水文管理办法》，自 2019 年 10 月 4 日起施行。江苏省修订完成《无锡市水文管理办法》，经无锡市政府第 60 次常务会议审议通过，以无锡市政府第 170 号令正式颁布施行。《无锡市水文管理办法》贯彻落实生态文明建设理念，增加了水土保持监测等内容。

截至 2019 年底，26 个省（自治区、直辖市）制（修）订出台了水文相关政策文件（表 2-1）。

表2-1　地方水文政策法规建设情况表

省（自治区、直辖市）	行政法规		政府规章	
	名　称	出台时间/（年-月）	名　称	出台时间/（年-月）
河北	《河北省水文管理条例》	2002-11		
辽宁	《辽宁省水文条例》	2011-07		
吉林	《吉林省水文条例》	2015-07		
黑龙江			《黑龙江省水文管理办法》	2011-08
上海			《上海市水文管理办法》	2012-05
江苏	《江苏省水文条例》	2009-01		
浙江	《浙江省水文管理条例》	2013-05		
安徽	《安徽省水文条例》	2010-08		
福建			《福建省水文管理办法》	2014-06
江西			《江西省水文管理办法》	2014-01
山东			《山东省水文管理办法》	2015-07
河南	《河南省水文条例》	2005-05		
湖北			《湖北省水文管理办法》	2010-05
湖南	《湖南省水文条例》	2006-09		
广东	《广东省水文条例》	2012-11		
广西	《广西壮族自治区水文条例》	2007-11		
重庆	《重庆市水文条例》	2009-09		

续表

省（自治区、直辖市）	行政法规		政府规章	
	名　称	出台时间／（年‑月）	名　称	出台时间／（年‑月）
四川			《四川省〈中华人民共和国水文条例〉实施办法》	2010-01
贵州			《贵州省水文管理办法》	2009-10
云南	《云南省水文条例》	2010-03		
西藏			《西藏自治区水文管理办法》	2009-11
陕西	《陕西省水文条例》（2019年修订）	2019-01		
甘肃			《甘肃省水文管理办法》	2012-11
青海			《青海省实施〈中华人民共和国水文条例〉办法》	2009-02
宁夏			《宁夏回族自治区实施〈中华人民共和国水文条例〉办法》	2010-09
新疆			《新疆维吾尔自治区水文管理办法》	2017-07

三、机构改革与体制机制建设

1. 水文机构改革

2019 年，水利部水文司指导全国水文工作，水文行政职能持续得到加强。地市水文机构改革全面展开，各地水行政主管部门坚持问题导向，按照全国水利工作会议提出的考虑水文行业体系的整体性特点，保证水文职能只能加强不能削弱的要求，超前谋划、积极协调、主动工作，地方水文机构改革总体平稳顺利。全国 31 个省份中，天津、山西、辽宁、黑龙江、上海、浙江、安徽、福建、山东、河南、湖北、湖南、广东、广西、重庆、四川、贵州、云南、陕西、青海和宁夏等 21 个省（自治区、直辖市）基本完成水文机构改革，其他 10 个省（自治区、直辖市）提出了水文机构改革方案。总体来看，有如下特点。

在机构名称上，河北、黑龙江、浙江、福建、湖北、湖南、广西、陕西、宁夏等 9 个省（自治区）"水文局"改名为"中心"，重庆市、山西省 2 个省（直辖市）"水文局"改名为"总站"。其他省（自治区、直辖市）机构名称保持不变。

在机构规格上，共有 16 个省级水文机构为正、副厅级单位或配备副厅级领导干部，其中，辽宁省水文局为正厅级，内蒙古、吉林、黑龙江、浙江、安徽、江西、山东、湖北、湖南、广东、广西、贵州、新疆等 13 个省（自治区）的省级水文机构为副厅级，四川、云南两省的省级水文机构配备副厅级干部；2019 年，四川省水文水资源勘测局明确副厅级干部配置，湖北省水文水资源中心从副厅级干部配置明确为副厅级单位建制，实现机构规格和领导职数双突破。地市级水文机构规格基本保持稳定，目前 24 个省（自治区、直辖市）的地市级水文机构为正处级或副处级单位。

在行政管理上，贵州省和四川省水利厅新设立水文处，北京、山西、辽宁、吉林、福建、山东、河南、湖北、重庆、西藏、陕西和青海等 12 个省（自治区、直辖市）的水利（水务）厅（局）设有水文职能处，安徽省和上海市的水文工作由省（直辖市）水利厅党组直接领导，其他 15 个省（自治区、直辖市）明确了归口管理水文工作的水利厅（局）职能处。贵州省改革后继续保留原名称和规格性质，省局新增 4 名人员编制、增设内设机构，水文工作任务从为水文水资源服务扩大到为水资源管理、水旱灾害防御、水生态保护等提供支撑服务，具体业务增加水生态监测、河道生态流量监测，为河湖长制工作提供水文服务；新增监测全省取用水户用水量、对取用水企业进行平衡测试等节约用水工作。四川省委机构编制委员会办公室批复设立四川省资阳、攀枝花、自贡 3 个地市级水文机构，并分别加挂水环境监测分中心牌子，实现全省 21 个地市州水文机构全覆盖，为水文系统与市（州）"一对一"的水文精准服务提供了组织保障，也为市（州）政府直接支持水文事业发展构建了基础平台。陕西省先后多次与省编办及相关部门沟通反映，通过省水利厅向省编办提交了增设榆林和咸阳两个地市水文派出机构的报告。湖南省水文系统首次启动实施公务员职务与职级并行工作，完成了省市两级机关公务员职务职级套转工作。

在基层水文服务体系建设方面。江苏省创新水文运行机制，12 月，常州市金坛区为全区 9 个镇的水文服务站进行集中授牌，实现全省首个区县级基层水文服务体系全覆盖，打通了基层水文服务的"最后一公里"。山东省持续推进地市以下水文工作由"地市统管"向"市县两级分管"转变，基层水文测站的管理运行全部由县级水文中心具体实施。2019 年，日照市莒县建成全省第一个县级水环境监测站并投入运行，泰安市肥城市明确了各镇（街道）农业综合服务中心水文工作职责，潍坊市寿光市设立寿光市水文管理中心，山东省水文"省、市、县、乡、村"五级水文管理服务体系日趋完善，走出了一条以体制理顺为抓手、政府购买服务项目实施为支撑、政策法规落实为保障的路子。

截至 2019 年底，全国水文部门共设立地市级水文机构 297 个，其中，河北、辽宁、吉林、江苏、浙江、福建、山东、河南、湖北、湖南、四川、贵州、西藏、宁夏、新疆等 15 个省（自治区）实现全部按照地市级行政区划设置水文机构；县级水文机构 567 个。地市级和县级行政区划水文机构设置情况见表 2-2。

表2-2　地市级和县级行政区划水文机构设置情况

省（自治区、直辖市）	已设立水文机构的地市		已设立水文机构的区县	
	水文机构数量	名　称	水文机构数量	名　称
北京			4	朝阳区、顺义区、大兴区、丰台区
天津			4	塘沽、大港、屈家店、九王庄
河北	11	石家庄市、保定市、邢台市、邯郸市、沧州市、衡水市、承德市、张家口市、唐山市、秦皇岛市、廊坊市	35	涉县、平山县、井陉县、崇礼县、邯山区、永年县、巨鹿县、临城县、邢台市桥东区、正定县、石家庄市桥西区、阜平县、易县、雄县、唐县、保定市竞秀区、衡水市桃城区、深州市、沧州市运河区、献县、黄骅市、三河市、廊坊市广阳区、唐山市开平区、滦州市、玉田县、昌黎县、秦皇岛市北戴河区、张北县、怀安县、张家口市桥东区、围场县、宽城县、兴隆县、丰宁县
山西	9	太原市、大同市（朔州市）、阳泉市、长治市（晋城市）、忻州市、吕梁市、晋中市、临汾市、运城市		
内蒙古	11	呼和浩特市、包头市、呼伦贝尔市、兴安盟、通辽市、赤峰市、锡林郭勒盟、乌兰察布市、鄂尔多斯市、阿拉善盟（乌海市）、巴彦淖尔市		

续表

省（自治区、直辖市）	已设立水文机构的地市		已设立水文机构的区县	
	水文机构数量	名　称	水文机构数量	名　称
辽宁	14	沈阳市、大连市、鞍山市、抚顺市、本溪市、丹东市、锦州市、营口市、阜新市、辽阳市、铁岭市、朝阳市、盘锦市、葫芦岛市	12	台安县、桓仁县、彰武县、海城市、盘山县、大洼县、盘锦双台子区、盘锦兴隆台区、朝阳喀左县、营口大石桥市、丹东宽甸满族自治县、锦州黑山县
吉林	9	长春市、吉林市、延边市、四平市、通化市、白城市、辽源市、松原市、白山市		
黑龙江	10	哈尔滨市、齐齐哈尔市、牡丹江市、佳木斯市（双鸭山市、七台河市、鹤岗市）、大庆市、鸡西市、宜春市、黑河市、绥化市、大兴安岭地区		
上海			9	浦东新区、奉贤区、金山区、松江区、闵行区、青浦区、嘉定区、宝山区、崇明县
江苏	13	南京市、无锡市、徐州市、沧州市、苏州市、南通市、连云港市、淮安市、盐城市、扬州市、镇江市、泰州市、宿迁市	26	太仓市、常熟市、盱眙县、涟水县、海安市、如东县、兴化市、宜兴市、江阴市、溧阳市、金坛市、句容市、新沂市、睢宁县、邳州市、丰县、沛县、高邮市、仪征市、阜宁县、响水县、大丰市、泗洪县、沭阳县、赣榆县、东海县
浙江	11	杭州市、嘉兴市、湖州市、宁波市、绍兴市、台州市、温州市、丽水市、金华市、衢州市、舟山市	71	余杭区、临安市、萧山区、建德市、富阳市、桐庐县、淳安县、鄞州区、镇海区、北仑区、奉化市、余姚市、慈溪市、宁海县、象山县、瓯海区、龙湾区、瑞安市、苍南县、平阳县、文成县、永嘉县、乐清市、洞头县、泰顺县、德清县、长兴县、安吉县、秀洲区、南湖区、海宁市、海盐县、平湖市、桐乡市、嘉善县、柯桥区、嵊州市、新昌县、上虞市、诸暨市、义乌市、永康市、东阳市、浦江县、武义县、磐安县、江山市、常山县、开化县、龙游县、定海区、普陀区、岱山县、嵊泗县、临海市、三门县、天台县、仙居县、黄岩区、温岭市、玉环县、莲都区、缙云县、庆元县、青田县、云和县、龙泉市、遂昌县、松阳县、景宁县、海曙区
安徽	10	阜阳市（亳州市）、宿州市（淮北市）、滁州市、蚌埠市（淮南市）、合肥市、六安市、马鞍山市、安庆市（池州市）、芜湖市（宣城市、铜陵市）、黄山市		

续表

省（自治区、直辖市）	已设立水文机构的地市		已设立水文机构的区县	
	水文机构数量	名　称	水文机构数量	名　称
福建	9	抚州市、厦门市、宁德市、莆田市、泉州市、漳州市、龙岩市、三明市、南平市	38	福州市晋安区、永泰县、闽清县、闽侯县、福安市、古田县、屏南县、莆田市城厢区、仙游县、南安市、德化县、安溪县、漳州市芗城区、平和县、长泰县、龙海市、诏安县、龙岩市新罗区、长汀县、上杭县、漳平市、永定县、永安市、沙县、建宁县、宁化县、将乐县、大田县、尤溪县、南平市延平区、邵武市、顺昌县、建瓯市、建阳市、武夷山市、松溪县、政和县、浦城县
江西	9	上饶市（鹰潭市）、景德镇市、南昌市、抚州市、吉安市、赣州市、宜春市（萍乡市、新余市）、九江市、鄱阳湖区	1	彭泽县
山东	16	滨州市、枣庄市、潍坊市、德州市、淄博市、聊城市、济宁市、烟台市、临沂市、菏泽市、泰安市、青岛市、济南市、威海市、日照市、东营市	75	济南市城区、历城区（章丘区）、长清区（平阴区）、济阳区、商河县、青岛市城区、西海岸新区、胶州市、青岛市即墨区、平度市、莱西市、淄博市张店区（周村区、临淄区）、淄博市博山区（淄川区）、高青县（桓台县）、沂源县、枣庄市薛城区、枣庄市台儿庄区、枣庄市山亭区、滕州市、东营市东营区（垦利区）、东营市河口区（利津县）、广饶县、烟台开发区、烟台市牟平区（莱山区）、龙口市、烟台市莱阳区（海阳市）、蓬莱市（长岛县）、招远市（莱州市）、潍坊市奎文区、诸城市、寿光市（青州市）、安丘市（昌乐县）、昌邑市（高密市）、临朐市、济宁市任城区、邹城市（微山县）、金乡县（鱼台县）、嘉祥县（梁山县）、汶上县（兖州区）、泗水县（曲阜市）、泰安市泰山区（岱岳区）、新泰市、肥城市（宁阳县）、东平县、威海市文登区（环翠区）、荣成市、乳山市、日照市东港区（岚山区）、五莲县、莒县、莱城、雪野旅游区、临沂经开区、沂南县（沂水县）、兰陵县、费县（平邑县）、莒南县（临沭县、临港区）、蒙阴县、武城县（德城区、夏津县）、乐陵市（庆云县、宁津县）、临邑县（陵城区、平原县）、齐河县（禹城市）、聊城市东昌府区、莘县（阳谷县）、东阿县（茌平县）、冠县（临清西部）、高唐县（临清东部）、滨州市滨城区（博兴县）、阳信县（无棣县、沾化区）、邹平市（惠民县）、菏泽市牡丹区（东明县）、菏泽市定陶区（曹县）、单县、巨野县（成武县）、郓城县（鄄城县）

续表

省（自治区、直辖市）	已设立水文机构的地市		已设立水文机构的区县	
	水文机构数量	名称	水文机构数量	名称
河南	18	洛阳市、南阳市、信阳市、驻马店市、平顶山市、漯河市、周口市、许昌市、郑州市、濮阳市、安阳市、商丘市、开封市、新乡市、三门峡市、济源市、焦作市、鹤壁市	37	潢川县、南阳市市辖区（镇平县、社旗县、方城县）、唐河县（桐柏县）、新蔡县、上蔡县（西平县）、舞阳县、太康县（扶沟县）、鹿邑县、登封市、商丘市市辖区（虞城县、夏邑县、民权县）、永城市、柘城县（睢县、宁陵县）、济源市、鹤壁市市辖区（淇县）、南乐县（清丰县）、濮阳市市辖区、范县（台前县）、焦作市、淮滨县、新县、信阳市主城区、固始县（商城县）、内乡县、南召县、邓州市（新野县）、西峡县（淅川县）、驻马店市市辖区（遂平县）、汝南县、周口市市辖区（西华县、商水县、淮阳县）、沈丘县（项城市）、汝州市（郏县、宝丰县）、许昌市市辖区（长葛市、襄城县、禹州市）、漯河市市辖区、汝阳县（嵩县）、灵宝市、卫辉市、林州市
湖北	17	武汉市、黄石市、襄阳市、鄂州市、十堰市、荆州市、宜昌市、黄冈市、孝感市、咸宁市、随州市、荆门市、恩施土家族苗族自治州、潜江市、天门市、仙桃市、神农架林区	53	阳新县、房县、竹山县、夷陵区、当阳市、远安县、五峰土家族自治县、宜都市、枝江市、枣阳市、保康县、南漳县、谷城市、红安县、麻城市、团风县、新洲区、罗田县、浠水县、蕲春县、黄梅县、英山县、武穴市、大梧县、应城市、安陆市、通山县、咸丰市、随县、广水市、孝昌县、云梦县、兴山县、崇阳县、咸安区、通城县、曾都区、洪湖市、松滋市、公安县、江陵县、监利县、荆州区、沙市区、石首市、丹江口、钟祥市、京山县、汉川市、孝南区、黄陂区、恩施市、黄州区
湖南	14	株洲市、张家界市、郴州市、长沙市、岳阳市、怀化市、湘潭市、常德市、永州市、益阳市、娄底市、衡阳市、邵阳市、湘西土家族苗族自治州	83	湘乡市、双牌县、蓝山县、醴陵县、临澧县、桑植县、祁阳县、桃源县、凤凰县、浏阳市、永顺县、安仁县、宁乡县、石门县、新宁县、保靖县、桂阳县、隆回县、泸溪县、嘉禾县、安化县、溆浦县、江永县、邵阳县、衡山县、桃江县、永州市冷水滩区、芷江县、吉首市、津市市、慈利县、南县、麻阳苗族自治县、澧县、攸县、炎陵县、耒阳市、冷水江市、双峰县、洞口县、沅陵县、会同县、道县、平江县、桂东县、常宁市、湘阴县、长沙市城区、长沙县、通道侗族自治县、娄底市城区、涟源市、新化县、龙山县、武陵源区、衡阳市城区、邵阳市城区、衡东县、祁东县、绥宁县、江华县、新田县、宁远县、郴州市城区、资兴市、临武县、怀化市城区、新晃侗族自治县、永定县、益阳市城区、临湘市、常德市城区、湘潭县、湘潭市城区、岳阳市城区、株洲市城区、南岳区、汉寿县、衡阳县、衡南县、洪江市、武冈市、邵东县

续表

省（自治区、直辖市）	已设立水文机构的地市		已设立水文机构的区县	
	水文机构数量	名　称	水文机构数量	名　称
广东	12	广州市、惠州市（东莞市、河源市）、肇庆市（云浮市）、韶关市、汕头市（潮州市、揭阳市、汕尾市）、佛山市（珠海市、中山市）、江门市（阳江市）、梅州市、湛江市、茂名市、清远市、深圳市		
广西	12	钦州市（北海市、防城港市）、贵港市、梧州市、百色市、玉林市、河池市、桂林市、南宁市、柳州市、来宾市、贺州市、崇左市	77	南宁市城区、武鸣区、上林县、隆安县、横县、宾阳县、马山县、柳州市城区、柳城县、鹿寨县、三江县、融水县、融安县、桂林市城区、临桂区、全州县、兴安县、灌阳县、资源县、灵川县、龙胜县、阳朔县、恭城县、平乐县、荔浦县、永福县、梧州市城区、藤县、岑溪市、蒙山县、钦州市城区、钦北区、浦北县、灵山县、北海市城区、合浦县、防城港市城区、东兴市、上思县、贵港市城区、桂平市、平南县、玉林市城区（兴业县）、容县、北流市、博白县、陆川县、百色市城区（田阳县）、凌云县、田林县、西林县、隆林县、靖西市（德保县）、那坡县、田东县（平果县）、贺州市城区（钟山县）、昭平县、富川县、河池市城区、宜州市、南丹县、天峨县、东兰县、凤山县、罗城县、都安县（大化县）、巴马县、环江县、来宾市城区（合山市）、忻城县、象州县（金秀县）、武宣县、崇左市城区、龙州县（凭祥市）、大新县、宁明县、扶绥县
四川	21	成都市、德阳市、绵阳市、内江市、南充市、达州市、雅安市、阿坝州、凉山彝族自治州、眉山市、广元市、遂宁市、宜宾市、泸州市、广安市、巴中市、甘孜市、乐山市、攀枝花市、自贡市、资阳市		
重庆			39	渝中区、江北区、南岸区、沙坪坝区、九龙坡区、大渡口区、渝北区、巴南区、北碚区、万州区、黔江区、永川区、涪陵区、长寿区、江津区、合川区、万盛区、南川区、荣昌县、大足县、璧山县、铜梁县、潼南县、綦江县、开县、云阳县、梁平县、垫江县、忠县、丰都县、奉节县、巫山县、巫溪县、城口县、武隆县、石柱县、秀山县、酉阳县、彭水县

续表

省（自治区、直辖市）	已设立水文机构的地市		已设立水文机构的区县	
	水文机构数量	名　称	水文机构数量	名　称
贵州	9	贵阳市、遵义市、安顺市、毕节市、铜仁市、黔东南苗族侗族自治州、黔南布依族苗族自治州、黔西南布依族苗族自治州、六盘水市		
云南	14	曲靖市、玉溪市、楚雄彝族自治州、普洱市、西双版纳傣族自治州、昆明市、红河哈尼族彝族自治州、德宏傣族景颇族自治州、昭通市、丽江市、大理白族自治州（怒江傈僳族自治州、迪庆藏族自治州）、文山壮族苗族州、保山市、临沧市		
西藏	7	阿里地区、林芝地区、日喀则地区、山南地区、拉萨市、那曲地区、昌都地区		
陕西	6	榆林市（延安市）、西安市（渭南市、铜川市、咸阳市）、宝鸡市、汉中市、安康市、商洛市	3	志丹县、华阴市、韩城市
甘肃	10	白银市（定西市）、嘉峪关市（酒泉市）、张掖市、武威市（金昌市）、天水市、平凉市、庆阳市、陇南市、兰州市、临夏回族自治州（甘南藏族自治州）		
青海	6	西宁市、海东市（黄南藏族自治州）、玉树藏族自治州、海南藏族自治州（海北藏族自治州）、海西蒙古族藏族自治州		
宁夏	5	银川市、石嘴山市、吴忠市、固原市、中卫市		
新疆	14	乌鲁木齐市、石河子市、吐鲁番地区、哈密地区、和田地区、阿克苏地区、喀什地区、塔城地区、阿勒泰地区、克孜勒苏柯尔克孜自治州、巴音郭楞蒙古区、昌吉回族自治州、博尔塔拉蒙古自治州、伊犁哈萨克自治州		
合计	297		567	

2. 水文双重管理体制建设

水文双重管理体制建设持续推进。山东省为最大限度发挥县级水文机构作用,积极推动县级水文机构由地市水文局和当地县级人民政府双重管理,并把落实双重管理列入地市水文局年度绩效考核。目前,青岛市、烟台市和泰安市的县级水文机构已全部实行双重管理。

截至 2019 年底,全国 297 个地市级水文机构中有 136 个实行双重管理,其中,山东、河南、湖南、广东、广西、云南等省(自治区)地市级水文机构全部实现双重管理。北京、天津、河北、辽宁、上海、江苏、浙江、福建、江西、山东、河南、湖北、湖南、广西、重庆、陕西等 16 个省(自治区、直辖市)共设立 567 个县级水文机构,297 个实行双重管理。

3. 政府购买服务实践

全国水文系统积极探索用人用工方式改革,推动利用社会力量参与水文工作,加大政府购买水文服务的力度。上海市为加强购买服务的监督管理、规范第三方业务行为和提升第三方服务水平,编制了《水文监测社会化服务管理办法》《水质监测第三方质量监督管理办法》。江西省水文测站运维工作实行定额管理,编制了《江西省水文部门向社会力量购买服务工作管理办法》,全年购买服务达 1613 万元。宁夏回族自治区建立起水文设施运维保障长效机制,在自治区财政预算缩减的形势下,首次将水文监测设施运行维护资金纳入 2020 年自治区财政预算,为水文设施设备更新维护引来"活水"。广西壮族自治区加快推进水文管养分离改革,创新水文设施设备运行维护和水文监测辅助业务服务的提供方式,印发《广西水文购买服务工作实施方案》,将适于社会化的部分水文运行维护事项从水文部门直接服务转向市场购买服务。黑龙江省 2018 年和 2019 年先后分 7 个批次对 17 处国家重要水源地水质自动监测站运行维护工作开展政府购买服务,落实经费 371 万元,服务内容广,包括监测站点的水、电、采暖、房屋及通信等辅助设施和其他所有与水质自动监测相关的仪器、设备、设施维护，维修和配件更换，应急抢修和数据通信保障等内容，购买服务后的水文设施设备维护总体到位，监测质量和频率满足规范要求，效果明显；自治区防汛水情信息自动采集传输系统的运行维护也通过购买社会服务，有效解决了测站数量增多、监测任务增加、服务范围扩展与人员严重不足之间的矛盾。江苏省徐州市向社会购买专业维护队伍服务对遥测站进行巡检和维护，完成了由委托观测员向委托看管员的管理方式转变。安徽省结合水文监测改革，探索向社会购买服务的工作模式，购买服务内容主要有水文设施运维、站点看护、车辆驾驶、地下水水质检测、全省水土保持动态监测、省级水土保持重点建设工程外业核查和效益评价、生产建设项目水土保持信息化监管等多个方面。山东省 2019 年落实向社会购买服务的项目资金 6705 万元，购买社会服务人员519 人，购买社会服务的项目资金作为基数纳入到了 2020 年财政预算。为做好购买服务管理工作，山东省还组织开展购买服务人员的职称晋升工作，并以此对购买服务人员实施绩效管理，同时把购买服务人员中的党员纳入到水文部门党组织管理，增强了服务人员的归属感。重庆市通过向社会购买重庆市洪水预报中心的机房运维服务，推进网络保障、服务器管护、软件正版化等工作，实现了网络安全零事故，全市水文站点运维、水质监测等工作也通过政府购买服务委托给第三方专业技术机构，解决了人少事多的瓶颈问题。

四、水文经费投入

近年来，水文工作在水利改革和经济社会发展中的基础支撑作用不断增强，得到了各级政府和社会各界的高度关注和大力支持，中央和地方政府对水文投入力度持续增加。

按 2019 年度实际支出金额统计，全国水文经费投入总额 987611 万元，较上一年增加 109718 万元（主要为事业费的增加）。其中：事业费 840839 万元、基建费 129179 万元、外部门专项任务费等其他经费 17593 万元（图 2-4）。在投入总额中，中央投资 251415 万元，较上一年增加 81679 万元，约占 25%，地方投资 736196 万元，较上一年增加 28039 万元，约占 75%，中央和地方都加大了投资力度（图 2-5）。

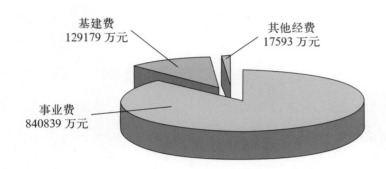

图 2-4　2019 年全国水文经费总额构成图

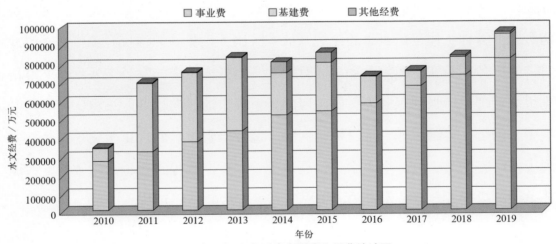

图 2-5　2010 年以来全国水文经费统计图

全国水文事业费 840839 万元，较上一年增加 75257 万元（中央水文事业费投入增加较多）。其中，中央水文事业费投入 164289 万元，较上一年增加 55934 万元；地方水文事业费投入 676550 万元，较上一年增加 19323 万元。全国水文事业费保持逐年增长。全国水文基本建设投入 129179 万元，较上一年增加 28719 万元。其中，中央水文基本建设投入 87126 万元，较上一年增加 25745 万元；地方水文基本建设投入 42053 万元，较上一年增加 2974 万元。

五、国际交流与合作

2019 年，全国水文系统围绕工作实际和业务需求积极开展多边、双边水文国际合作与交流活动，加强国际河流水文合作，国际话语权不断增强。

1. 国际会议和重大水事活动

11 月 12—27 日，联合国教科文组织第 40 届大会在巴黎召开，会上，中国成功当选为联合国教科文组织国际政府间水文计划理事国。同时，由国际政府间水文计划（IHP）中国国家委员会推荐的中国专家成功竞选为国际政府间水文计划（IHP）副主席。

2 月，水利部水文司率团组织黄委、南京水利科学研究院（简称南科院）、河海大学等单位，参加世界气象组织（WMO）水文学委员会特别届会暨水文未来优先领域及安排技术大会（图 2-6），会议在 WMO 进行新一轮大规模机构改革的背景下，充分肯定了水文学委员会作为政府间合作平台的特殊作用和开展各项水文活动的重要意义，广泛听取了成员国及水文专家的意见建议，提出了水文学委员会改革方案建议。会上，中国代表团全程参与方案讨论修改，积极支持水文学委员会改革方案，发挥大国作用。6 月，水利部水文司率团组

图 2-6 世界气象组织水文学委员会特别届会——中国代表团在大会会场

织长江委、南科院等单位，参加第十八次世界气象大会，重点参与了并行召开的首届"全球水文大会"讨论，进一步讨论确定了"业务水文"的定义，明确了世界气象组织开展业务水文的工作范围，大会通过了水文学委员会改革方案，并成立了 WMO"水文大会"和"水文协调小组"，选举产生了水文大会的主席和副主席人选。10 月，在 2018 年成功举办"城市水文和水生态监测技术培训团"的基础上，水利部组织来自水利部直属单位、部分流域管理机构水文局的 14 位技术骨干，赴芬兰开展了为期 14 天的第二期"城市水文和水生态监测技术培训团"专题培训，学习借鉴芬兰在水文水资源监测、水生态监测、城市雨洪管理、河流生态修复等方面的先进技术和管理理念，提升了我国城市水文和水生态监测等技术水平，促进了中芬水资源领域双边合作。11 月，应英国生态与水文研究中心（CHE）邀请，水利部水文司司长蔡建元率团赴英国开展中英水文技术合作与交流（图 2-7），代表团先后与英国生态与水文研究中心、欧洲中期天气预报中心（ECMWF）就水文水质监测、气象水文预报技术等内容进行了深入探讨，并达成初步合作意向。代表团还实地察看了泰晤士河水文站、温德米尔湖水生态野外监测站和 CEH 兰卡斯特分中心。

图 2-7　水利部水文司司长蔡建元率团赴英国开展中英水文技术合作与交流

各地水文部门围绕水文测报、水文监测、水资源管理等领域，加强国际交流与项目合作。长江委水文局积极服务"一带一路"建设，2019 年完成了承建的"老挝国家水资源信息数据中心示范项目（一期）"。11 月 1—4 日，水利部部长鄂竟平率高级代表团赴老挝考察该项目建设情况。考察期间，鄂竟平还检查指导了琅勃拉邦水文站，对水文站降雨、水位、流量水文全要素监测自动化和远程视频监控能力非常满意。淮委水文局继续参加"中荷洪水概率预报与堤防安全评估融合技术国际研讨会"，不断完善 FEWS_HUAIHE 预报系统。海河水利委员会（简称海委）水文局派员参加了海委赴荷兰、匈牙利地下水监测管理交流团，访问了荷兰伊科坎普集团土壤与水机构、瓦莱恩韦鲁威水董事会、国际水利环境工程学院、三角洲科学研究院等单位，就地下水管理与监测工作开展交流与合作，并访问了匈牙利蒂萨河下游水利管理局，双方就流域综合管理、地下水管理与监测等进行了交流。太湖局水文局太湖流域水文水资源监测中心与荷兰水管理总司信息服务部环境实验室顺利完成了为期 4 年的中荷水利合作流式细胞仪项目第一期合作，并在数据共享分析方面开展了新一期合作（图 2-8）。12 月，太湖局太湖流域水文水资源监测中心派员赴美国参加 2019 年美国地球物理学会年会，在大会展板交流厅展示研究成果海报。山东省先后组织三次出访交流活动，6 月出访美国，重点引进借鉴水质监测等国外先进技术，提升全省河湖水系生态健康和水生态文明建设水平；11 月出访荷兰、土耳其，重点学习借鉴荷兰、土耳其两国在水患灾害防治、水资源调度与监测以及大型

图 2-8　太湖流域水文水资源监测中心与荷兰签订中荷流式细胞仪合作协议

水利水电工程征地补偿及移民安置方面的先进经验，推介了山东省在水文监测和水资源调度方面的有关建设工程和技术设备，探讨了引进移民产业项目和技术合作的可行性；12月出访芬兰、德国，重点学习借鉴国外先进管理理念和引进先进技术装备，提高山东省水安全保障和调水工程管理水平。贵州省组织全省水文部门16名专业技术人员，于11月赴美国华盛顿和纽约市进行了为期14天的"水功能区限制纳污监控技术专题培训"。

2. 国际河流水文合作

2019年，围绕国际河流防洪合作、中哈跨界河流分水协议磋商、水文过境测流等水文事务，我国同俄罗斯、哈萨克斯坦、朝鲜、印度、湄公河委员会等周边国家和国际组织开展了大量卓有成效的工作，水文合作更加务实。中朝两国续签了《中华人民共和国水利部和朝鲜民主主义人民共和国气象水文局关于鸭绿江和图们江水文工作合作协定》，为中朝水文合作奠定良好基础，以此为契机，中朝水文过境作业取得实质性进展，中方长白水文站、十四道沟水文站等水文测站在朝方一侧的水文设施得到全面维修和养护。在澜湄合作机制下，水利部签署了分别向澜湄五国开展汛期水文报汛的协议。黑龙江、辽宁、吉林、西藏、云南等省（自治区）的水文部门完成中俄、中朝、中印、中越等跨界河流水文报汛，新疆维吾尔自治区和黑龙江省完成了中哈、中俄等水文资料交换任务。据统计，我国全年累计向周边国家和国际组织提供报汛信息12万条，接收信息8.5万条，为周边国家减轻洪灾影响发挥了重要作用。云南省承担对越南社会主义共和国、湄公河委员会和澜沧江下游五国的报汛任务，2019年及时完成新增五国国际报汛软件的更新开发和调试工作，为全面完成对泰国、缅甸、老挝、柬埔寨和越南五国等水文报汛工作奠定了重要基础。

六、水文行业宣传

2019年，全国水文系统以习近平新时代中国特色社会主义思想和党的十九大精神为指引，以中央新时代治水思路和水利改革发展总基调为主线，以庆祝新中国成立 70 周年为契机，充分发挥电视、报刊以及手机客户端、视频直播等新媒体端口的作用，宣传水文发展成就、水文职工先进事迹和奉献精神，扩大水文工作的社会影响力。

1. 强化宣传制度建设与队伍建设

全国水文系统通过规范行业宣传制度建设，充实宣传队伍，为做好宣传工作奠定基础。各地水文部门重视水文宣传整体谋划，黄委水文局起草了《中共黄委水文局党组保护传承弘扬黄河水文文化工作方案》，吉林省印发《2019 年吉林省水文宣传工作要点》，江西省印发《2019 年全省水文宣传思想工作要点》，明确了以"水利工程补短板、水利行业强监管"水利改革发展总基调为主线的宣传重点。

各地水文部门通过加强制度建设激励宣传工作人员，江西省制定《江西省水文局信息宣传和水文文化传播工作激励办法》，重庆市制定《年度水文信息工作目标任务考核办法》，新疆维吾尔自治区重新修订《自治区水文局 OA 投稿须知（试行）》，制定《关于印发〈自治区水文局 OA 平台稿件管理暨考核办法〉的通知》明确考核对象，细化考核标准，提高宣传工作水平。四川省还邀请四川师范大学影视与传媒学院等相关部门专家开展水文宣传专题培训，取得了良好效果。

2. 开展一系列主题宣传活动

各地水文部门围绕中华人民共和国成立 70 周年，抓住契机积极开展专题活动，全面展示水文行业 70 年来所取得的各项成绩。《人民日报》、新华社、《经济日报》、《中国日报》、中央广播电视总台、《澎湃新闻》、《封面新闻》等多家中央主流媒体聚焦水文站网快速发展、现代化程度大幅提高、水情预报取得显著效益等内容，以生动的事实报道了 70 年来我国水文在支撑社会经济发展中取得的突出成就，取得社会反响。吉林省选取 90 余张珍贵图片，制作

《吉林省中小河流水文监测系统建设工程纪实》和《吉林水文百年纪念图片册》。江苏省举办"礼赞祖国 奋进水文"系列宣传活动、江苏水文改革发展主题图片展，在《中国水利报》开展"守河湖安澜 护江苏水美"专版宣传（图2-9）。黑龙江省在《中国水利报》"我和我的祖国"专题宣传活动中发布《努力奔跑的筑梦人之龙江水利人》。浙江省举办"水文风采"主题图片展。河南省出版发行水文职工文学作品汇编《印象水文》和反映水文系统先进典型风采的《感动水

图2-9 江苏省在《中国水利报》"守河湖安澜 护江苏水美"专版宣传

文》。湖北省拍摄制作湖北水文庆祝新中国成立70周年快闪视频短片，学习强国、中国网、中国水利等各大平台予以选用。湖南省制作《潇湘云水70年》电子画册，为全省水文职工奉上宝贵的精神食粮。贵州省黔西南州水文局编制的《我们是中国水文人》由《中国水利报》网站选登在"我和我的祖国70年视频展"专栏。云南省举办"不忘初心砥砺奋进70年、牢记使命继续奋斗新时代"云南水文发展历程回顾展览，拍摄《情系水文·初心永恒——云南水文口述历史》纪录片。陕西省举办迎新中国七十华诞成果展，出版了《砥砺奋进兴水文——陕西"大水文"发展与实践探索》和《把脉江河——陕西水文发展风采》画册。

在"世界水日""中国水周""宪法宣传日"活动中，各地水文部门发挥自身优势，多渠道、多角度、多方位开展宣传工作，宣传主题得到了进一步的诠释和延伸，为水生态建设和水资源的可持续利用营造了良好的法制环境和社会氛围。天津市设计宣传展板，制作专题PPT，设置普法咨询台，悬挂宣传条幅，设计并印发水周专题宣传册。辽宁省在电视台等主流媒体播出专题节目20余期，在微博、微信公众号等新媒体平台发布宣传视频十余期，群众点击量近万次。上海市、浙江省、海南省通过制作宣传展板、海报、开

设亲水课等方式举办水文知识进课堂、进社区讲座（图 2-10 和图 2-11）。重庆市开展"守护绿水 感知水文"志愿服务活动，进入重庆交通大学和重庆水利电力职业技术学院，向高校师生们介绍了水文行业，反响热烈（图 2-12）。

图 2-10　上海市水文知识进社区、进课堂

图 2-11　海南省水文知识进校园　　　　图 2-12　重庆市志愿服务深入大学校园

　　2019 年，水文部门举办的水文勘测技能竞赛也得到了地方的关注和报道，媒体和宣传人员深入到竞赛现场，扩大了宣传效果。5 月 28—30 日，2019 年河北省水文勘测技能竞赛在黄壁庄水库拉开帷幕，河北省开通现场直播，进行实时全方位宣传，开播当天点击率即破万。湖南省挖掘竞赛亮点，凸显竞赛选手风采。云南省、新疆维吾尔自治区水文勘测技能竞赛也得到了省电视台、省报和地方媒体的报道。

3. 拓展多媒体宣传

　　全国水文系统在巩固传统水文宣传阵地的同时，加大开拓新媒体报道力度，颂扬水文人精神，加大水文行业的社会影响力、群众知晓度。

水利部水文司组织以水文为主题的新媒体记者茶话会，邀请《人民日报》、《光明日报》、《澎湃新闻》、今日头条等多家主流媒体记者座谈交流，并开展了《中国水文》宣传片拍摄工作。中央电视台《开讲啦》栏目，邀请黄河头道拐水文站和三江源区直门达水文站职工座客栏目嘉宾，讲述基层水文人的工作心得。

一年来，长江委水文局有 130 多篇图文和视频稿件被人民网、新华网、光明网、中国经济网、中国水利网、中国水文网等媒体采用，撰写的《为长江大保护提供更优质的水文服务——习近平总书记考察长江委城陵矶水文站一周年回访》在《中国水利报》全文刊发。黄委水文局完成花园口黄河水文展厅布设，制作黄河水文宣传画册，编印《黄河水文》杂志 6 期。太湖局水文局在《中国水利报》发表《图说水文 水文"小伙伴"合力保供水》《力保河湖安澜 守护百姓平安——太湖局迎战超强台风"利奇马"》《苦下功夫练本领 最好年华献水文》等 3 篇报道。

3 月 22 日，中央电视台《新闻直播间》就北京市地下水水位回升对北京市水文总站进行专题采访报道（图 2-13），《北京日报》以《复活的河流》《北

图 2-13 《新闻直播间》报道北京市地下水水位回升

京地下水位明显回升，平原地区再添 485 眼自动监测井》为题进行了专版报道。河北省电视台《新闻 6+1》栏目、《河北日报》、河北新闻网、《燕赵都市报》等媒体对河北省水文部门应对台风进行了多方位实时报道。6 月 18 日，新华社"现场云"全国服务平台发布《情满三江：吉林水文，一场及时的测验应急演练》《情满三江：冰天雪地中的吉林水文人》，全面展示了吉林水文的新发展和吉林水文人的风采。中央电视台、《人民日报》、新华社等中央媒体，福建省内主流媒体和今日头条、搜狐网等客户端先后 67 次报道了福建省水文服务防汛抗灾的先进事迹。山东省在《中国水利报》《齐鲁晚报》《鲁中晨报》以及齐鲁电视台、中国水文信息网、齐鲁晚报网、大众网、搜狐网、网易新闻、今日头条等新闻媒体全年发表新闻 100 余篇。6 月 6 日，《河南日报》第 4 版以《全省防汛"哨兵"举行应急演练》为题，突出报道河南水文人当好江河哨兵，充当群众耳目，做好精准测报预报的报道。7 月 9 日，电视水文专题片《水兴中原》在河南新闻频道黄金时段首播。湖北省人民政府网推出"开创湖北水文工作新局面""砥砺七十载 不忘初心路——1949—2019 湖北水文发展历程回眸"两个宣传专题（图 2-14）。湖南省在《中国水利报》、中国水利网、中国水文网、省水利厅官网、新湖南客户端、红网等宣传平台上稿 200 余篇，编发《湖南水文简报》16 期。5 月 7 日，中央

图 2-14　湖北省人民政府网水文宣传专题

电视台新闻频道《朝闻天下》播出"广东220条河流实现洪水可预警预报",广东卫视《广东新闻联播》先后多次播出水文做好台风防御分析的相关报道,赢得人民群众的点赞,提升了社会公众对水文的关注度。广西壮族自治区以第九届全国"人民满意的公务员""广西勤廉先进个人"莫建英同志及"勇立潮头的水文人"先进集体和个人为切入点,通过召开全区现场先进事迹视频会、先进典型事迹报告会,充分发挥榜样引领作用。重庆市结合新时代水利行业精神,制作发布《共护一江水 我们在行动》H5互动产品,开发"重庆水文"周边文创产品。"四川水文"抖音平台,累计发布原创视频40个,累计播放总量达500万余次,获点赞数为8万余个,粉丝量达5000余个,通过新媒体方式宣传水文,取得了良好效果。11月10日,贵州省在人民网"贵州频道"专栏和《贵州日报》"水美贵州"专栏发表《贵州:"三个重点"打开水文监测改革新局面》《贵州水文:筚路蓝缕七十年,崭新时代舒画卷》等文章。青海省沱沱河、新寨水文站参与国家广电总局组织的《长江之恋——长江流域十二省市联合大直播》,6月30日,通过现场直播长江源区水文监测工作情况,展现了水文人团结、进取、奉献的精神面貌。

4. 水文援藏援疆工作

水利部水文司协调推进水文援藏和援疆工作,充分发挥水文行业对口援助工作机制,在项目安排、资金支持、人才培训、技术交流、业务帮扶等方面开展了卓有成效的工作,2019年安排年度中央预算内投资4599万元,用于西藏、新疆水文基础设施建设。各地水文部门按照水文对口援助工作机制开展了大量工作,据统计,全年各水文援助单位组织共召开了11次援藏座谈会,举办各类业务培训班、技术指导、考察调研共25批次,湖北省、河北省、辽宁省、淮委累计向西藏水文援助资金37万元,声学多普勒流速剖面仪(ADCP)一台套。太湖流域管理局水文局援助开发"西藏林芝地区水文信息服务系统",补强水文信息化短板,实现了西藏林芝地区水文业务信息系统零的突破（图 2-15）。湖南省帮助编制了西藏羊八井水文站洪水预报方案，填补了在冰川融雪径流预报和堆龙曲流域洪水预报的空白，从水文业务上助力西藏水文发展。

图 2-15　水文援藏——调研羊村水文站情况

七、精神文明建设

2019 年，全国水文系统深入学习贯彻习近平总书记治水重要论述精神，开展"不忘初心、牢记使命"主题教育，围绕服务水利中心工作，推进精神文明建设与水文业务工作开展有机结合，取得丰硕成果。

1. 党建工作深入开展

全国水文系统认真落实全面从严治党要求，以"不忘初心、牢记使命"主题教育活动为抓手，举一反三，深入学习领会习总书记"3·14"重要讲话和治水重要论述、黄河流域生态保护和高质量发展座谈会讲话以及十九届四中全会精神，深入开展党建工作。松辽委水文局利用新时代 e 支部、学习强国等载体开展网上学习，及时掌握学习动态。西藏自治区以职工大会、党小组、党支部、党委理论学习中心组和各类业务培训为载体，积极推进党建工作有效覆盖到基层。甘肃省利用"学习强国""甘肃党建"等 APP，鼓励党员"学赶比追超"，推动组织生活制度落实落地。安徽省制定《关于加强意识形态工作的通知》，江西省制定《江西省水文系统 2019 年意识形态工作要点》。

全国水文系统坚持党建与业务工作深度融合，水利部水文司在"不忘初心、牢记使命"主题教育活动中，结合水文重点工作和行业特点，坚持问题导向，深入调研查找差距，以水文现代化建设、防汛水文测报、水生态水环境监测和体制机制改革创新等开展专题调研，深入基层听取意见、查找问题，逐项提出了整改措施，推动实施各项重点工作。广东、湖南、河南、海南、新疆等省（自治区）开展主题教育各具特色，因地制宜，将党建工作与水文业务工作相结合，在改进作风的同时提升了业务工作质量。

2. 精神文明建设成果丰硕

全国水文系统围绕水文事业改革发展大局，不断丰富精神文明创建的内容、形式、方法，推进开展精神文明创建活动。长江水文情报预报中心水情室、江苏省水文水资源勘测局常州分局水质科、江西省鄱阳湖水文局水质室荣获"全国青年文明号"称号。河北省水文水资源勘测局水质处被全国妇联评为"全国巾帼文明岗"。河南省南阳水文水资源勘测局团支部被评为"全国五四红旗团支部"。广西壮族自治区桂林市水文水资源局莫建英同志荣获第九届全国"人民满意的公务员"称号（图 2-16）。长江中游水文水资源勘测局罗兴同志荣获

图 2-16　广西莫建英同志荣获第九届全国"人民满意的公务员"称号（二排右二）

全国农林水气象工会"绿色工匠"称号，江苏省水文水资源勘测局徐州分局陈磊、云南省水文水资源局昭通分局洪世祥荣获第二届"最美水利人"，松辽委水文局黑龙江上游水文水资源中心任宝学、湖南省常德水文水资源勘测局钱锋荣获第二届"最美水利人"提名奖。河北省水文水资源勘测局、山西省长治市水文水资源勘测分局、内蒙古自治区呼和浩特市水质监测中心、辽宁省辽阳水文局、黑龙江省绥化水文局、浙江省水文管理中心水情预报处、广东省水文局水情处、广西壮族自治区水文中心水情部、贵州省六盘水市水文水资源局大渡口水文监测站、西藏自治区水文水资源勘测局日喀则水文水资源分局、青海省水文水资源勘测局玉树分局直门达水文站、长江委水文局长江水文情报预报中心、淮委水文局水情气象处等 13 家水文单位，和水利部王琳、辽宁省王璞东、黑龙江省肖兴涛、安徽省夏中华、福建省董爱红、河南省闫海波、湖北省侯名学、湖南省伍雪玲、广东省陈舟旋、海南省李其标、重庆市谭波、云南省朱恩虎、松辽委水文局任宝学、太湖局水文局陈方等 14 名水文职工，荣获全国水利系统先进集体和先进工作者称号，获得人力资源和社会保障部和水利部表彰。水利部组织开展水情工作先进集体和先进报汛站评选表扬活动，共有 18 家水文单位和 41 个水文测站受到通报表扬。

淮委水文局党支部获得淮委"先进基层党组织"荣誉，团支部获得蚌埠市"五四红旗团支部"荣誉，驻村帮扶干部所在团队获得安徽省委组织部"安徽省脱贫攻坚先进集体"，"传帮带"人力资源开发与培养项目获得水利部创新成果评选一等奖。上海市结合建国 70 周年，组织拍摄《我和我的祖国》MV，围绕纪念"五四"100 周年，组织水文行业青年开展演讲比赛、说唱表演、垃圾分类知识竞赛等。江西省鄱阳湖水文局水质室被授予"2017—2018 年度全国青年文明号"称号，作为全国水利系统获奖集体代表参加共青团中央的授牌仪式，吉安市水文局侯林丽同志被水利部授予"全国水利技术能手"荣誉称号。贵州省水文水资源局荣获 2018 年度、2019 年度省直目标绩效考核创新奖一等奖。

3. 文化建设不断加强

长江委水文局着力弘扬新时代水利精神和长江委精神，积极营造庆祝新中国成立 70 周年浓厚氛围，结合服务第七届世界军人运动会等重大活动，组织开展志愿服务活动 25 次。3 月，黄河上唯一的"百年老站"泺口水文站迎来自己的"百岁生日"，黄委水文局在山东济南召开泺口水文站建站 100 年座谈会（图 2-17），回顾黄河水文发展历程，展望黄河水文蓝图和美好愿景。黄委水文局还组织开展了水文站公众日活动，首批以花园口、泺口、兰州三个地处省会城市的水文站为示范窗口，向社会公众展示黄河水文业务，3 月 22 日在泺口水文站成功举办了"黄河水文开放日"启动仪式。吉林省通过"最美水文测站""最美水文人"、党内"创先争优"、五一劳动奖章、五四青年奖章等评比活动的深入开展，充分发挥水文典型引路的示范作用，引导职工群众恪尽职守、积极作为，提高精神文明创建能力和水平。湖南省制定了湖南水文文化建设五年行动方案，启动资水流域和省中心水文展示馆建设，在"新湖南"客户端开辟水文专栏。四川省利用全省中小河流水文测站全面接管运行的有利时机，在德格县境内的中小河流水文测站设置公益性岗位，积极探索"公岗扶贫＋水文监测"模式，对口安置贫困户家庭成员，实现贫困户"在家门口就业"和"一人就业，全家脱贫"的愿望，给精准扶贫工作注入新鲜活力。陕西水文

图 2-17　泺口水文站站貌和泺口水文站建站 100 年座谈会

博物馆建成开馆，累计接待社会各界人士参观 1.8 万人次，宣传和传承陕西水文悠久历史，提高社会公众防洪减灾意识，激发水文职工内生动力和工作激情，发挥了积极作用（图 2-18）。新疆维吾尔自治区坚持把精神文明建设融入"访惠聚"驻村、深度贫困村脱贫攻坚、南疆学前双语支教、"民族团结一家亲"等落实新疆社会稳定和长治久安的具体实践中，赋予了水文特色，深化和拓宽了精神文明创建活动的内涵。

图 2-18　水文司司长蔡建元在陕西水文博物馆调研考察

第三部分

规 划 与 建 设 篇

2019 年，全国水文系统持续加强规划编制工作，不断完善规划体系建设，认真做好项目前期工作，储备了一批建设项目，各地扎实推进水文基础设施建设规划实施，各类建设项目顺利开展，水文能力建设持续加强，水文现代化全面推进。

一、规划和前期工作

1. 水文规划编制工作

水利部组织各流域和省（自治区、直辖市）开展《水文现代化建设规划》编制工作，做好水文现代化建设顶层设计，在开展规划前期调研基础上，向有关高新企业进行座谈咨询，组织水利部水利水电规划设计总院（简称水规总院）、水利部信息中心、南科院等单位开展《水文现代化建设总体思路和战略方向》等专题研究，提出了水文现代化目标、思路、布局和重点任务，确定了依托先进科技手段和技术装备应用，建立监测手段自动化、信息采集立体化、数据处理智能化、服务产品多样化的现代化水文业务体系的发展方向。

各地水文部门根据经济社会发展需求和水文工作新任务，以提高监测能力、预警预报能力和数据分析使用能力为目标，积极谋划水文发展新举措，结合水文现代化建设规划编制，组织开展了一批水文综合规划和专项规划编制，取得丰硕成果。长江委水文局结合编制水文现代化建设规划及"十四五"基本建设规划，全面启动测报能力提升工作，完成"一站一策"总体设计。河北省深刻分析水文事业发展面临的问题，完成《河北省水文现代化建设规划》，编制《密云水库上游潮白河流域水源涵养区横向生态保护补偿三道营等三座水文站提升改造项目建议书》《水文基础设施能力提升规划思路研究报告》等。辽宁省编制完成《辽宁省河库管理服务中心（辽宁省水文局）五年发展规划》《辽宁省河库管理服务中心（辽宁省水文局）水利改革发展"十四五"规划思路报告》《辽宁省水文现代化建设规划》，确定了改革发展的总体思路及发展目标，提出了近期（2025年）重点建设项目。上海市开展水文现代化建设规划和水文"十四五"规划编制工作，完成上海市水文监测站网规划（2018—2035年）初稿、上海市水土保持监测规划和上海市防洪除涝规划（2017—2035年）水文部分。江西省"1+7"发展规划体系基本定型，省水利厅、省发展和改革委员会（简称省发展改革委）联合印发《江西省水文事业发展规划》，完成《科技发展规划》《水质监测能力建设规划》，编制完成《水生态监测规划》《信息化建设规划》《城市水文监测规划》，并组织实施 《站网规划》《人才队伍建设规划》。广东省将《广东省水文现代化建设规划》列入报省政府审批的省级专项规划。青海省结合水文实际，组织开展了《青海省"十四五"水文事业发展规划》编制等项工作。太湖局水文局、新疆维吾尔自治区、西藏自治区分别启动了《水文事业发展规划》编制工作。

2. 加快推进项目前期工作

2019年，水利部组织各流域管理机构推进《全国水文基础设施建设规划（2013—2020年）》剩余项目建设，对规划剩余项目前期工作进展情况进行梳理和论证，采取有效措施推进前期工作进度、保障工作成果质量、加快项目实施等。组织各流域管理机构和设计单位，加快大江大河水文监测系统建设工程（二期）前期工作，完成中央直属单位24个新开工水文项目的可行性研究报告和初步设计报告，于12月通过水利部审查；推进《国家水文数据库可行性研究报告》修改完善等工作，按国家发展改革委的意见将国家水文数据库、国家水文水资源数据中心两个项目整合为"水利大数据中心建设工程"进行实施。

按照中央财经委员会第三次会议精神和水利改革发展总基调，组织编制提出了水旱灾害风险调查和重点隐患排查工程、水旱灾害监测预警信息化工程（水文部分）实施方案。各地加快重点项目前期工作，长江委水文局完成长江流域全覆盖水监控系统建设水文部分专题报告的编制，对项目建议书进行修改完善，包括省界断面水文监测站点建设、水文站测流能力提升、视频监控、无人机和数据汇集平台等项目投资估算约 3.6 亿元；作为《永定河综合治理与生态修复总体方案》安排的重点项目之一，海委水文局《永定河水资源实时监控与调度系统可行性研究报告》获国家发展改革委的批复，并编制完成了项目初步设计概算。

各地水文部门按照统一部署和要求，持续推进大江大河水文监测系统建设工程、水资源监测能力建设工程、跨界河流水文站网第三期建设工程、水文实验站建设等地方项目前期工作。河北、辽宁、广西、四川等省（自治区）的《大江大河水文监测系统建设工程》和《水资源监测能力建设工程》项目顺利推进，均得到了地方发展改革部门或水利部门的批复；辽宁省和湖南省《水文实验站建设工程》得到正式批复。

各地水文部门积极推动水文基本建设前期工作，储备了一批水文建设项目。山东省提出完善大中型水库及入库河流水文监测站点、小清河综合治理水文监测工程建设、省市县三级水情中心提升、老旧水文站点改造提升、骨干河流及重要河道水文监测设施建设等重点建设任务，作为单项工程纳入省政府印发的《山东省重点水利工程建设实施方案》，项目实施方案、初步设计（代可研）报告获批复。浙江省积极响应省委省政府"深化数字浙江建设"的号召，以精准预报预警为切入点，编制完成《水文走前列五大工程实施方案》，4 月经省发展改革委批复立项。辽宁省编制完成《普乐堡水文站改建工程实施方案》《福德店水文站改建工程实施方案》等一批前期工作。江苏省连云港市、徐州市、淮安市、南通市水环境监测分中心项目初步设计已经省发展改革委批复，并组织编制完成市际断面水文监测工程项目建议书暨可研报告。重庆市编制完成《重庆市市级水文站自动化升级改造总项目可行性研究报告》，并获市发展改革委批复。广西壮族自治区《广西水文巡测站技术改造工程可行性研究报告》得到批复。西藏自治区跨界河流水文站网第三期建设工程初步设计得到批复。

二、中央投资计划管理

2019 年，国家发展改革委和水利部下达全国水文基础设施建设中央预算内投资计划 9.4 亿元（中央 7.0 亿元、地方 2.4 亿元），包括大江大河水文监测系统、水资源监测能力建设等项目，新建改建了一批水文测站、水文监测中心和水文业务系统。水利部组织各流域管理机构全面完成了 53 条跨省江河省界断面 247 个水文站的建设任务，建立了跨省江河省界断面水文水资源监测体系。年度项目建设任务涵盖以下内容：

（1）大江大河水文监测系统建设项目，主要包括 4 个流域管理机构和 16 个省（自治区、直辖市）水文站及水位站建设、水位站测流能力建设和仪器设备购置等，涉及投资 6.37 亿元。

（2）水资源监测能力建设项目，主要包括 14 个省（自治区、直辖市）水质站建设、水质监测（分）中心改建及仪器设备购置等，涉及投资 1.8 亿元。

（3）跨界河流水文站网第三期建设项目，主要包括 2 个省（自治区）水文站、水位站、水质监测分中心、水情分中心和水文巡测能力建设等，涉及投资 1293 万元。

（4）水文实验站建设项目，主要涉及 10 个省（自治区）新建改建水文实验站及仪器设备购置等，涉及投资 1.07 亿元。

（5）省界断面水资源监测站网建设（一期）项目，主要新建流域管理机构的水文站，涉及投资 773 万元。

地方水文基础设施投入不断加大。山东省落实省级基础设施建设项目 7.4

亿元，主体工程计划 2019—2020 年两年内完成。浙江省水文"五大工程"落实省级投资 14.6 亿元，力争到 2022 年底前基本完成。重庆市市级水文站自动化升级改造项目争取市级资金 4400 万元。广东省自 2018 年印发《水文测站达标建设方案》以来，每年安排约 2000 万元专项资金开展水文测站达标建设，2019 年完成水文测站达标建设项目 22 个，提升了水文测站的现代化形象。安徽省水文基础设施（2017—2020 年）建设项目 2019 年下达投资计划 3469 万元，市界断面水质水量监测建设项目，下达投资计划 3000 万元。广西壮族自治区 2019 年本级财政下达广西重点中心水文站能力提升工程 1376 万元。

三、项目建设管理

1. 规范项目建设程序

全国水文系统依据国家基本建设有关制度规定和水利部《水文基础设施项目建设管理办法》《水文设施工程施工规程》（SL 649—2014）等管理办法和技术规程，加强项目建设管理，结合水文项目建设特点，规范完善项目管理、财务管理、合同管理、质量管理、验收管理等规章制度，确保项目从立项、设计、招标、实施全过程的规范化、制度化和程序化。上海市修改完善了《上海市水文总站水文基础设施工程建设项目程序管理办法（试行）》《水文基础设施工程建设项目发包管理实施办法（试行）》《水文基础设施工程建设项目合同管理办法（试行）》等 12 条项目管理制度，进一步加强和规范本单位水文基础设施工程建设项目的管理，保障水文基础设施工程建设的安全与质量。湖南省制定《湖南省水文水资源勘测中心项目建设管理暂行办法》，对项目建设管理从前期、实施、验收及运维等作了全面规范，严控设计变更，制定了专门的审批流程表，监理机构全过程监督。海南省为保障项目建设管理顺利开展，先后制定《信息安全管理制度》和《海南省大江大河水文监测系统、水资源监测能力项目建设管理制度》，使项目建设管理有章可循、有法可依。山东省组织编制完成《水文设施工程单元工程施工质量验收评定标准》并通过专家审查。四川省出台《省水文局关于加强水文基本建设项目档案管理的通知》《省水文局关于印发〈水文基本建设管理容易发生问题及建议处理意见〉的函》《水文测报运行专项经费使用暂行规定》《四川省水文水资源勘测局基本建设项目建设管理指导意见（暂行）》等规章制度。天津市将采购管理制度建设作为重点纳入内控制度的建设中，印发执行年度内采购管理办法。

2. 加强项目建设指导监督

水利部水文司根据水文项目建设特点，多措并举，加强项目建设政策指导和进度监督，积极协调解决项目建设过程中出现的问题，推进项目实施，通过建立项目实施进展台账，按月定期统计有关流域管理机构和省（自治区、直辖市）水文建设投资计划执行情况，针对建设进度滞后的单位采取现场检查、约谈、督办函、电话催促等方式加大督促力度。

各地水文部门结合自身实际，采取督查检查、信息化手段等措施，下大力气推进项目建设实施。长江委水文局完成设施设备管理系统的开发并在全江推广应用，从设备申报、购置和资产办理等流程实现网上办理，实现资产管理信息化全覆盖，成效显著。黄委水文局强化建设项目监管，确保工程质量与安全，抓住施工图技术交底、原材料抽样检测、隐蔽工程验收、施工安全隐患排查等关键环节，派出检查组，深入施工现场开展督查，全年组织 33 次监督检查，开展"回头看" 4 次，约谈项目法人 5 次，约谈施工、监理、设备供应商 6 次，有效保证了工程质量和进度，按时完成年度建设任务。黑龙江省根据水文工程点多、面广、施工地点分散的特点，施工管理充分利用现代通信技术手段，提高工作效率，利用手机"工程相机"软件，拍照上传监理部和建设单位管理人员群内，必要时到达现场实际查验。江西省水文重大建设项目工程达到招标标准的工程、货物和服务项目，均向江西省水利工程招标投标管理部门或政府采购管理部门进行招标备案或采购申报，按程序进行公开招标。广东省成立建设项目督查办公室，发布建设月报，及时按时间节点进行督办，定期向上级主管部门报送项目建设情况，接受监督管理。甘肃省根据项目不同特点分别制定了《安全质量管理办法》《监督检查工作制度》《工程验收实施办法》等，强化事前预防管理，明确监督检查责任，确保了建设项目顺利实施。

3. 做好项目验收管理

根据水利部《水文设施工程验收管理办法》（水文〔2014〕248 号）和《水文设施工程验收规程》（SL 650—2014）要求，各地根据年度建设任务和项目实施进度，认真制定项目验收工作计划，及时做好项目竣工验收准备，加快开展项目验收工作。

水利部水文司继续推进中小河流水文监测系统项目收尾，建立项目验收工作台账，定期进行跟踪督促。江苏、贵州等省完成了全国中小河流水文监测系统项目建设竣工验收工作。长江委水文局、黄委水文局、淮委水文局、松辽委水文局等单位完成省界断面水资源监测站网建设和竣工验收工作。长江委水文局顺利完成各项目年度竣工财务决算审核、审计和档案验收等环节，圆满完成8 个基建项目的竣工验收。黄委水文局完成高原高寒地区水文测站制氧设备购置项目竣工验收。贵州省组织完成国家水资源监测能力建设、贵州省大江大河水文监测建设工程一期、贵州省市州界河流水质水量监测等项目验收。青海省结合水文基础设施项目建设的实际情况，制定了《青海省〈水文基础设施项目建设管理办法〉实施细则》，并对项目验收进行全过程管理。

4. 运行维护费落实情况

水文部门积极落实水文运行维护经费，做好水文监测信息采集、传输、整理和水文测验设施维修检定等工作，保障水文行业基础设施运行管理。河北省落实压采综合治理地下水水位自动监测站运行维护费 1850 万元；山东省共落实水文设施运行维护费 8055 万元；浙江省 2019 年运行维护预算 5800 万；重庆市每年向市级财争取运行维护经费约 6000 万元，并通过政府购买社会服务的方式，将水文站设施设备维修维护工作委托给第三方专业技术机构。同时，各地水文部门通过多种渠道落实中小河流水文站运行维护费，四川省全面接收中小河流水文监测站点，落实省市两级年度运行维护管理经费 4465 万元，纳入财政预算；福建省将中小河流运行维护经费列入省级年度财政预算，并明确逐年增加，2019 年和 2020 年分别落实运维经费 1700 万元、2000 万元，印发《福建省水文水资源勘测中心关于加强 2019 年度中小河流水文监测站点运行维护购买服务招投标工作管理的通知》，并通过公开招投标购买社会化服务；天津、河南、陕西等省（直辖市）结合工作实际积极争取经费，做好中小河流水文测报设施运行维护工作。

第四部分

水文站网管理篇

2019 年，全国水文系统围绕水利改革发展总基调和水资源监管需求，优化调整水文站网布局，加快完善测站整体功能，规范测站管理，水文基础设施及装备水平稳步提升，为水文工作开展奠定坚实基础。

一、水文站网发展

"十二五"以来，随着中小河流水文监测系统、山洪灾害防治及国家防汛抗旱指挥系统、水资源监测能力建设、国家地下水监测工程等专项工程建设完成和水文测站投入运行，水文站网经历了一个快速发展期，基本实现对大江大河及其主要支流、有防洪任务的中小河流水文监测全面覆盖。目前，各类水文测站数量逐步趋于稳定（图 4-1）。截至 2019 年底，按独立水文测站统计，全国水文系统共有各类水文测站 119608 处，包括国家基本水文站 3210 处（含非水文部门管理的国家基本水文站 73 处）、专用水文站 4435 处、水位站 15294 处、

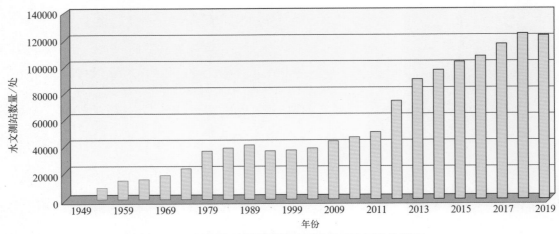

图 4-1 1949 年以来全国各类水文测站数量发展变化情况

雨量站 53908 处、蒸发站 12 处、地下水站 26020 处、水质站 12712 处、墒情站 3961 处、实验站 56 处。此外经单独统计，南水北调工程管理的水文测站有 706 处，包括水文站 151 处、水位站 379 处、雨量站 67 处、水质站 109 处，其中，东线工程有水文测站 309 处，中线工程有水文测站 397 处。

国家基本水文站 3210 处，作为骨干站网保持了稳定发展态势，专用水文站 4435 处，近几年持续增加。浙江等省新建了一批专用水位站，水位站数量达 15294 处，较上一年增加。安徽、江西、浙江等省对雨量站进行了集中梳理，并按技术规范要求进行了优化整合，雨量站现有 53908 处，较上一年减少。

2019 年，国家地下水监测工程建设的 10298 处地下水站全面建成运行，相应的部分人工监测地下水站被取代，地下水站网进一步优化调整，监测范围覆盖全国主要平原区和 16 个主要水文地质单元，实现对我国主要平原、盆地和岩溶山区地下水动态的有效监控。在 26020 处地下水站中，浅层地下水站 20773 处，深层地下水站 5247 处；人工监测站 12892 处，较上一年减少 821 处，自动监测站 13128 处，较上一年增加 291 处，自动化监测水平逐步提升。

2019 年，水利部门着眼水资源水生态水环境新需求，对部分水功能区水质监测任务进行了调整，水质站有所减少。按观测项目类别统计，全国水文系统开展地表水水质监测的测站（断面）有 13901 处，较上一年减少 2028 处，开展水生态监测的测站（断面）有 468 处，较上一年增加 93 处，开展地下水水质监测的测站有 11283 处，较上一年增加 2400 处，形成了由中央、流域、省级和地市级共 333 个水质监测（分）中心和水质站（断面）组成的水质监测体系，水质监测范围覆盖全国主要江河湖库和地下水、重要饮用水水源地、行政区界水域等，实现了对我国主要的地表水水体和重点地区的地下水水质监测全覆盖。水质在线自动监测发展迅速，现有地表水水质自动监测站 418 处，较上一年增加 93 处，自动监测项目涵盖水温、pH、电导率、溶解氧、浊度、氨氮、高锰酸盐指数、化学需氧量、叶绿素、磷酸盐等；建成地下水水质自动监测站

108 处。

全国水文系统加快水文现代化建设步伐，改进监测手段和方法，推进水文技术装备提档升级，实施水文要素的在线监测、自动监测，以先进声、光、电技术及在线监测手段等先进技术手段和在线测流系统、视频监控系统、激光粒度分析仪、无人机等现代技术装备推广应用为重点，更新配置了一批新技术新仪器，水文测报和信息服务能力得到提升。其中，雨量、水位、墒情基本实现自动监测，近 30% 的水文站实现流量自动监测，超过 50% 的地下水站实现自动监测。有 1693 处测站配备在线测流系统，20% 以上水文站具备了在线测流能力。

二、站网管理工作

1. 强化站网基础

各地水文部门抓住水利行业强监管中多样化多层次需求，强化站网基础工作，做好站网布局的顶层设计。5 月 31 日，广西壮族自治区市场监督管理局发布《水文水资源监测站网布设技术导则》（DB45/T 1959—2019），为自治区第二个水文地方标准，进一步规范了广西水文水资源监测站网布设、规划、建设、管理和水文服务，为新时期水文水资源监测站网布设和水文现代化发展提供了技术支撑。浙江省统筹水文站网结构和功能，优化乡镇中心、暴雨中心、七大流域干流控制断面等不同区域站点布局，实现"镇镇有水位站、村村有雨量站"，形成全省水文监测"大感知"格局。内蒙古自治区贯彻落实习近平总书记关于把内蒙古自治区建设成为北方生态安全屏障的重要指示精神，组织编制《内蒙古自治区岱海水面蒸发实验站建设项目实施方案》并获水利厅批复，开展西辽河流域地下水监测站网体系建设，在现有地下水监测井网基础上，规划补充地下水自动监测站 209 处。太湖局水文局在《太湖流域管理局水文事业发展规划》中研究确定了太湖流域及东南诸河站网体系架构，并在《太湖流域管理局水文现代化建设规划》进一步细化。北京市为进一步促进区域水文工作，按照现代化发展理念对重要平原区的区域水文站网建设进行全面综合科学合理地布设，以满足区域水资源调度、生态流量监测、防汛、水功能区划等多目标需求。吉林省在《吉林省水文现代化规划（2016—2030 年）》的基础上，完成水文站网规划设计工作，优化站网布局和功能。江苏省编制全省水利监测监管体系思路报告，规划站网布局顶层设计。山东省进一步补充完善站网体系，编制完成《山东省水文设施建设工程设立水文测站技术论证分析报告及实施方案》并获省水利厅批复。湖南省编制完成《湖南省水文站网规划大纲》，统计分析全省县（市）界水文站和全省最小流量控制站基本情况，确定了县（市）界水文（位）站布设范围；组织编制全省水文站网分析报告，从站网分布、站网密度和站网优化调整情况等方面对湖南省现有水文站网进行了分析研究，提出了分析主要成果。广东省研究确定了全省水文现代化站网布局和监测技术发展思路。

2019 年是黄河流域水文测站 85 高程运用元年，测站基础信息发生了变化，黄委水文局组织完善水文站网基础信息表、核对确认统计数据。重庆市更新了《重庆市国家基本水文站管辖表》，明确了重庆市水利局管辖的 1057 处水文监测站点的管理范围和各区县水文机构管辖的 3873 处水文监测站点的管理范围，开展了水文站网分级管理研究，完成阶段成果验收工作。四川省组织对中小河流水文测站、国家地下水监测工程站点、水质站、墒情站等 3700 个各类水文测站的基本情况进行了采集、清理、核实。云南省完成水文站网功能评价与调整规划报告，形成《云南省水文站网现状调查报告》和《云南省站网功能评价与优化调整报告》2 个主题报告，以及《云南省水文站受涉水工程影响分析报告》《云南省水文站裁撤调整分析报告》《云南省九大高原湖泊水量水质监测调查与评价报告》3 个专题报告等成果。甘肃省结合《甘肃省水文监测改革方案》和《水文现代化建设规划》等编制工作，对全省站网进行了基础评价。青海省对全省 36 处基本水文站进行调查，摸清每处水文测站的作用、功能及水文特征、测验环境、测站属性，以及水文测验设施、仪器设备运行使用等情况，深入分析仪器设备性能特点、适用性、使用范围，确定了每个水文测站实际工作需要和亟待解决的问题，编制完成各水文分局水文测站现状调查报告。宁夏回族自治区开展全区水文站网名录、站码、经纬度等基础信息核对，组织编制《宁夏回族自治区水文站网》。福建省竹岐水文站改造项目可行性研究报告获得省发展改革委员会的批复，项目建设前期工作有序推进。

2. 规范测站管理

为加强水文测站管理，强化站网整体功能，2018 年 11 月水利部办公厅印发《关于推进部分专用水文测站纳入国家基本水文站网管理工作的通知》（办水文〔2018〕250 号），2019 年，各地水文部门按照文件要求组织开展分析论证，提出了近期拟转为国家基本水文测站的专用水文测站名单，青海、浙江、云南、吉林、四川、江苏、贵州、广西等省（自治区）按照国家基本水文测站设立和调整审批的程序，完成了一批测站调整审批工作，共有 88 处专用水文测站转为国家基本水文测站，优化充实了国家基本水文站网。水利部印发《地表水国家重点水质站名录》，重新确定了反映我国江河湖库地表水水资源质量状况的基本站网布局，将名录确定的 4455 个重点水质站作为全国开展水质监测的基本任务，水质监测工作进入新阶段。

太湖局、内蒙古、浙江、湖北、广东、西藏、上海、江苏、北京、山西等流域管理机构和省（自治区、直辖市）水文部门加快完善水文测站管理制度。太湖局水文局制定印发《太湖流域管理局测站代码编制办法（试行）》，对流域管理机构管理的水文测站和共享流域内各省（直辖市）接入的各类水文测站编码规则进行了规范完善，为太湖流域信息资源整合打下良好基础。内蒙古自治区制定了《内蒙古自治区水文测站管理制度（试行）》，就站务管理、学习、考勤请假制度、安全生产、财务管理、测报设施设备管理制度、资料管理、业务管理等进行细化完善，提高了水文测站管理的操作性。浙江省进一步加强全省水文测站分类分级管理制度建设，编制完成《浙江省水文测站分类分级管理办法》（送审稿）。湖北省根据全省水文测站规范化管理现场会议要求，编制《湖北省自动测报站运行维护技术标准（试行）》和《湖北省水文测站运行维护管理暂行办法》，对站务管理、站容站貌、测报设施设备、巡检看护、监督检查等提出了明确规定。广东省编制印发《广东省水文测站管理办法（试行）》，从制度上明确测站日常管理、台账记录、检查考核等要求。西藏自治区修订《西藏水文管理制度读本》，进一步明确国家基本水文站的工作任务职责，编制印发《西藏自治区水文测站标准化管理制度》，从加强测站管理、提高业务水平、水文监测应急预案以及设施设备和站容站貌管理等多方面提出改进措施，将水文测站工作考核作为抓手加强测站管理、提升工作质量。江苏省补强测站规范管理短板，编制全省基本水文测站精细化管理指导意见和测站、测验精细管理手册。

海委、松辽委、太湖局、浙江、江苏、江西、河南、湖北、广东、新疆等流域管理机构和省（自治区）水文部门持续推进水文测站标准化建设和管理创建工作。海委水文局开展水文测站标准化建设和管理调研，做好前期工作。松辽委水文局完成黑龙江上游水文水资源中心基地、卡伦山水文站标准化创建试点工作。浙江省选择 18 个水文测站开展现代化示范改造，总投资 9350 万元，推动水文监测自动化，围绕新技术新装备应用、水文信息化等多个方面展开，打造数字化、开放式、花园式水文测站，总结推广可复制的经验，进一步加快浙江水文现代化步伐，完成 2 处水文站方案审查，并落实了其中 1 处水文站的建设资金。太湖局水文局制定印发《太湖流域管理局水文测站标识标牌设计制作方案》，规范了测站标识标牌的统一设计、统一制作，提升水文测站形象（图 4-2）。江

图 4-2　完成太湖局黄姑塘闸水文站测站简介牌标准化改造

苏省印发水文测站标识标牌设置指南、管理制度设置要求等,与参建单位签订标识标牌制作框架协议,推进测站环境规范统一。江西省全面推进国家基本水文站标准化管理,开展培训与技术指导、每月自评、编制关键岗位口袋本和管理手册、组织考核评价验收等工作,2019 年共完成 43 个水文站标准化管理创建达标任务,提升了水文站形象,保障了水文站的正常运行和水文效益的持续发挥。河南省将测站规范化建设纳入重要日程,按照分批推进原则,2019 年推进了 30 处水文站的规范化管理。9 月 29 日,湖北省组织召开全省水文测站规范化管理视频会议,通报全省水文测报工作情况,明确了下一步水文能力建设、测验成果质量管理、水文资料即时整编等工作要求。广东省以打造水文行业文明窗口、推进水文文明测站建设为目标开展水文测站达标建设,并纳入 2019 年全省水利重点工作,全年完成 22 个水文测站整体改造和 96 个水文测站安全隐患整改,测站测验环境和外观形象得到明显提高,恩平水文站、中大水文站、韶关水文站等水文测站已打造成为融合城市环境和文化特点的地方标志性水文建筑,其中中大水文站已成为游客游览拍照打卡的网红水文站(图 4-3)。新疆维吾尔自治区将标准化水文测站建设列入 2019 年全疆水文重点工作,从规范站网管理、推进水文测站标准化建设、实施督导检查和水文资料使用制度建设等方面开展了一系列工作。

图 4-3　广东省中大水文站

3. 推进水文站网管理系统建设

各地积极推进水文站网管理系统建设。长江委水文局开发建设了多个面向水文业务应用的数据库和数据存贮模块,其中水文测站基本信息管理系统主要为站网管理服务,2019 年,着手整合水文测站基本信息系统、水文资料整编系统、水文监测管理平台等进行集中管控、处理与展示，并接入实时水雨情信息，打通了各类信息孤岛，建设了水文监测管理平台和水文监测移动应用服务系统，用于水文测站和测验工作的动态管理，为实现水文数据资源共享与集成应用创造条件。太湖局水文局依托太湖流域水资源监控与保护预警系统项目，建成太湖局水文站网管理应用系统并投入试运行。辽宁省根据业务需要继续开发完善水文站网管理系统，包括水文站网管理、设施设备管理、水文监测管理、基础资料管理、资料整编管理、分析计算功能、"四随"管理及完整的在线操作指导等功能。江苏省推进水文测站管理系统应用，做好测站基本信息管理；开发测站水文资料整编系统（测站管理），实现基层测站信息统一查询、管理；推进测站二维码信息平台建设，提升测站信息化管理水平和展示能力。福建省完成了全省水文站网监测综合信息管理平台（一期）建设，实现了测站基础信息及工作的计算机管理，构建省局、分局、测站三级信息通道，逐步实现对水文监测工作及水文资料成果的实时在线监管，目前，该平台已在全省54个基本水文站正式运行，下一阶段将构建监测、整编、入库、存档一体化平台，实现全省水文资料在线整汇编与合理性分析审查，并与全国水文资料整编系统5.0全自动对接。江西省水文站网管理系统上线试运行情况良好，全面实现了江西省各类水文测站的站网基础数据的统一管理、统一存储、统一维护、统一发布，对站点的现状、规划、设立、迁建、撤销等进行整个过程的管理，促进了水文站网规划、管理的科学化和规范化。广东省推动水文站网业务信息系统开发，同时借助于广东水文企业微信平台，积极开发站网移动巡测巡查系统，2019年上线"水文巡测"和"安全生产"两大模块，为站网管理信息化打下初步基础。云南省水文站网管理系统自3月启动开发以来，对各功能模块开发情况进行跟踪和完善，已完成站网体系（站网一张图）、测站信息管理、库房管理、物资运维管理、文档管理等六个模块建设，组织曲靖、临沧、大理、红河四个地市州水文分局集中完成了上线测试工作。

第五部分

水文监测管理篇

2019 年，全国水文系统持续深化水文监测改革，大力推进新技术应用，测报装备更新增效，监测方式进一步优化，测报能力得以稳步提高。水文部门上下勠力同心，扎实做好汛期水文测报，及时准确发布水文信息，服务防汛抗旱减灾成效显著。同时继续做好水文资料"及时整编，日清月结"工作，巩固水文资料整编改革成果，全面完成年度水文资料整编。在做好水文测报工作基础上，各地水文部门积极开展安全生产学习，提高安全生产意识、强化安全生产措施，圆满完成水文监测及突发水事件应急测报工作。

一、水文测报工作

1. 汛前准备充分，监督检查力度大

水利部副部长叶建春在 2019 年全国水文工作会议上，就水旱灾害防御水文测报工作进行专门部署，要求立足防大汛、抗大旱、防强台，全力以赴做好水文测报工作。全国水文系统从最不利因素出发，同心戮力、扎实工作，超前部署，全力以赴做好水文测报工作。2 月，水利部办公厅印发《关于做好 2019 年水文测报汛前准备工作的通知》，提前部署开展汛前准备工作，要求加强领导，认真研究解决水文测报工作存在的问题，落实资金抓好水毁设施修复，抓紧对水文测报设施设备进行全面检查和维修保养，完善测报方案，加强应急演练。3 月，水利部水文司印发《关于开展国家基本水文站自查工作的通知》，部署对国家基本水文站的组织管理、设备运行、测报工作和安全生产等情况进行全面自查，发现问题，及时整改。各地水文部门高度重视，

扎实做好汛前准备各项工作，及时修复水毁设施设备，细化完善各类方案预案，升级完善业务系统，组织实战化演练和业务技术培训。做到"早布置、早落实，有计划、有措施、有检查、有整改、有成效"，确保安全生产和水文测报成果质量。

为贯彻落实水利行业强监管主基调，水利部加大水文领域的监管力度，组织开展了国家基本水文站"百站大检查"活动，共派出14个检查组46人次，以暗访方式对7个流域和19个省（自治区、直辖市）所属64个地市水文分局的102处国家基本水文站进行了检查（图5-1和图5-2），共发现542个问题。"百

图5-1 水文司司长蔡建元带队检查陕西省枣园水文站

图5-2 水文司副司长张文胜带队检查北京市张家坟水文站

站大检查"首次采取暗访的检查方式，以基层水文测站为对象，以查找问题为重点，以督促问题整改落实为目的，现场检查结束后，以"一省一单"方式印发整改通知，督促做好整改落实工作。为确保问题整改到位，对2个省5个测站反馈问题进行了抽查复核。各地积极响应，加强流域和区域水文监督检查，全面开展自查自纠，组织对辖区水文测站设施设备全覆盖的专项维护和检查，各地水文部门共派出768个检查组次，现场检查覆盖7763个水文站次，实现了国家基本水文站的自查全覆盖。通过监督检查活动，强化了水文行业强监管的理念，有效查改了水文测验存在的突出问题，增强了基层职工水文测报业务技能，推动了新技术装备配备与应用，对做好水文测报工作起到了积极的促进作用，为今后加强水文领域监管工作积累了经验。

2. 精心组织水文测报，服务防汛抗旱成效显著

2019年全国共出现41次强降雨过程，长江、黄河、淮河、珠江、松花江、太湖等六大江河流域发生14次编号洪水。面对严峻的防汛形势，水利部高度关注主汛期天气形势和雨水情变化，组织做好全国水文测报工作。7月15日，水利部水文司会同信息中心召开全国水文测报工作视频会议，针对"七下八上"雨水情趋势预测，对主汛期水文测报工作进行再部署再落实，部署各级水文部门认真贯彻落实党中央国务院和水利部党组关于防汛水文测报工作部署和要求，充分认识做好主汛期水文测报工作的极端重要性，加强组织领导，强化责任落实，全力以赴做好水文监测预报预警各项工作。全国水文系统约600人通过视频系统参加了此次会议。

各地水文部门全力以赴，加密监测、密切注视水雨情变化，完整监测记录降雨、洪水过程，为各级防汛抗旱指挥调度决策及时提供测报信息，全年向水利部报送各类水雨情信息13亿份，编写水情专报17383期，发布洪水预报30237站次，发送水情预警短信1079.24万条，编制墒情专报745期，水文预测预报预警工作再立新功。珠江委水文局为大藤峡水利枢纽工程大江截流水文监测分析服务（图 5-3），全力保障国家重点水利工程项目的顺利实施。安徽省通过对小型水库、山洪灾害、农村基层防汛预报预警项目的站点整合，实现对全省 1450 座水库的在线监测和超汛限、超正常、超堰顶等特征水位的在线发布。湖南省发布洪水预警 239 次、旱情预警 5 次，为防汛抗旱决策、水库错峰调度、群众避险躲灾提供了科学依据和有力支撑，得到湖南省委书记批示表扬。广东省通过 600 多个水文测站与河道堤围结合预报，提出便捷直观的防御建议，针对 6 月以来连日强降雨过程，科学调度枫树坝水库和乐昌峡水利枢纽，有效削减水库下游洪水洪峰达到 2 ~ 4m，确保龙川、乐昌县城不受淹，得到社会的高度认可。江西省协助调度大中型水库腾库水量约 7.5 亿 m^3，为安全转移累计 81.8 万人提供了决策支撑。

图 5-3 珠江委水文局为大藤峡水利枢纽工程大江截流水文监测分析服务

3. 强化安全生产意识，压实安全生产责任

各地水文部门认真履行安全生产主体责任和监管职责，落实各项安全生产工作。通过汛前检查、组织"安全生产月"活动、安全生产学习竞赛以及消防安全演练等方式，加大安全生产宣传教育培训力度，加强水文安全生产监查及事故隐患排查整治力度，强化水文职工安全生产红线意识。水文部门坚持生产一线必须配置完备的安全警示标识和安防救生设备，涉水和上船测流时必须穿

救生衣，强调测验设备防雷和测船、缆道、巡测车等易发生危险设施和危化物品的安全防护，有效排除了各类安全隐患。一年来，水文测报工作未发生大的安全事故，安全生产形势保持稳定态势，为水文事业发展提供了良好环境。

4. 持续深化水文监测改革

在做好常规水文测验基础上，各地水文部门持续深入推进水文监测改革，优化水文监测方式，加快推进自动监测和水文巡测，构建精兵高效的水文测报管理模式，优化调整基层水文人力资源，结合地方政府对水文工作需求，实践政府购买社会服务，培育基层水文服务体系。

长江委水文局围绕经济社会发展需求和水利改革发展总基调，以实际需求为导向，明确功能定位，对标现代化目标，逐站开展水文特性分析和方法适应性研究，提出了"一站一策"行动计划，通过加强自身能力建设，不断夯实水文工作基础。浙江省积极推行"有人看管、无人值守"测验改革，有序推进杭州市、湖州市、嘉兴市、宁波市、绍兴市等地区的国家基本水位站"有人看管、无人值守"测验方式；积极推进全省66个行政交界断面自动监测流量站建设，于9月初印发了"一站一方案"建设指导方案，建成后将全部采用无人值守管理模式。江西省8月召开省水文监测改革工作座谈交流会，从"抓基层管理、抓监测核心、抓先进手段、抓成果质量、抓改革创新"等方面全力推进水文监测改革，按照《江西省水文监测改革实施方案》批复要求，按照"驻巡结合、巡测优先、应急补充"的原则，完善站网功能，大力推行水文巡测，制定了具体落实措施并取得初步成效，47个水文测区中已有41个实行巡测管理。

二、水文应急监测

全国水文系统加强水文应急监测队伍建设，完善应急监测管理制度，积极运用新技术设备，提高水文应急监测能力，做好应对突发水事件处置的测报工作。

1. 开展水文应急监测演练

各地水文部门结合实际，组织开展了内容丰富、形式多样的应急演练，为科学有效应对各类暴雨洪水和突发水事件积累实战经验。2019 年，各级水文部门共有 8598 人次参与测报演练，为历年演练规模最大、组织最为精细的一年。有效提升了全国水文系统应对抗洪抢险、突发涉水事件的水文应急响应和应急处置能力。

6 月，长江委水文局在湖南岳阳举行 2019 年水文应急监测演练（图 5-4），演练假定长江流域发生了长江中下游超标准洪水，长江干流荆江河段、城九河段水位居高不下，岳阳河段出现局部崩岸险情，长江中游某干堤出现溃口险情。此次演练应急监测项目多，涉及溃口监测、崩岸监测、水质监测和溃口淹没分析等；新仪器新设备应用多，采用了基于无人机技术的水位流量一体化监测系统、视频水位智能识别系统、无人机 GPS 电子浮标、影像全站仪等监测设备；信息化程度高，全部测验成果数据通过"水文测验"APP 和技术人员现场录入，集中在长江水文应急监测信息中心平台展示，实现了现场实时播报。海委水文局组织京津冀豫四省市及海委直属单位开展了首次海河流域水文应急测报联合演练，针对突发大洪水情况，开展了应急通信、水质监测、无人船 ADCP 测流、断面与水准测量、河道洪水演进预报、水库洪水预报、电波流速仪桥测、无人机测流和堤防溃口三维激光扫描仪测量等 9 个科目的演练，检验了"以测补报"

图 5-4 长江委水文应急监测演练

能力和联动机制效果。广东省积极运用新技术新设备开展应急监测，针对入汛以来流域和区域强降雨多发态势，组织全省 11 个地市水文分局开展以新技术运用为主的应急监测综合演练，以锻炼联合作战能力和挖掘新设备新技术应用水平为重点，首次采用空中、地面、水下的全方位应急监测模式，对洪水抢测预报、堤围险情监控、水污染监测三方面的应急处置进行演练，效果明显。湖北省针对辖区洪水特点、测洪薄弱环节和测站特性，制定完善《水文测报突发事件应急预案》，组建了 1 个省级水文水资源应急监测中心和 16 支地市水文应急监测队形成的水文应急监测队伍，组织开展 26 次水文应急演练，并参加长江流域应急通讯演练、全省水利工程防汛调度演练、全省防汛综合演练等 6 次大型应急演练，得到水利厅专文通报表扬。

2. 完成突发水事件水文测报工作

在迎战 9 号台风"利奇马"等极端天气和全国各类洪水过程中，各地水文部门应用无人机、ADCP、雷达波等先进装备，全年累计出动水文应急监测队 2634 次，人员 9470 人次，抢测洪水 7213 场次，开展洪水调查 367 次，经受了严峻考验，获得各级地方政府表彰 71 次。

8 月，受超强台风"利奇马"影响，山东省潍坊、淄博、东营、滨州等市同期降雨量均达到有水文记录以来最大值，小清河发生有实测资料以来最大洪水，弥河发生 1964 年以来最大洪水。山东省协调组织多支水文应急监测队分别到临沂、谭家坊、博昌桥、魏桥水文站开展应急监测，第一时间将洪水信息报送至有关领导和防汛抗旱指挥部门，为各级政府提供决策依据。在迎战"利奇马"最为关键的时期，全省每天 1000 多名职工战斗在测报最前沿，投入巡测车 100 多辆，期间共测流 2000 余次、测沙 600 余次，编发雨水情材料 100 余份，发布洪水预警 6 次。辽宁省应对"利奇马"9 号台风期间，及时启动了应急监测预案，出动水文应急监测人员 237 人次，密切监视雨水情发生发展趋势，编发报送《水情分析》《洪水预警》等各类简报 270 余期，编发水情短信 2 万余条。

8月20日，四川省阿坝州汶川县、理县等多地发生山体滑坡、泥石流等灾害，造成房屋受损、群众受灾，多处交通中断，龙潭水电站大坝泄洪闸无法开启，出现洪水翻坝过流险情。阿坝藏族羌族自治州和成都市水文水资源勘测局立即启动应急响应，派出水文应急监测队员第一时间赶赴现场开展应急监测工作。阿坝水文水资源勘测局派出2支水文应急突击队，分别前往渔子溪河上下游、龙潭电站、龙关水位站等多个受灾点位进行水文应急监测，准确监测并及时报送水文信息，为抢险救灾和应急处置决策提供科学依据。

5月17日，黑龙江省逊克县翠宏山铁多金属矿发生透水事故，按照现场指挥部的要求，水文应急监测队伍快速响应，科学研判，开展事故断面应急监测（图5-5），克服流域内无降雨资料、无水文水位实测资料、自然条件恶劣等实际困难，连续奋战半个多月，进行水位观测225次、流量测验46次、降水量观测29次，发布实时洪水预报、退水预报共计8期，水文应急监测为抢险救灾决策提供了可靠的科学依据。

图5-5　黑龙江省翠宏山透水水文应急监测

三、水文监测管理

1.加强新技术推广应用

针对当前国家基本水文测站监测手段和技术方法普遍落后的问题，9月16日，水利部印发《水文现代化建设技术装备有关要求》，提出了水文现代化建设技术装备配置要求，明确了有关新技术新仪器应用的技术规定，加快推进水文现代化。水文部门以制约水文测验现代化的突出问题为导向，聚焦水位、流量、泥沙和面雨量等水文要素，在全国 50 处水文测站开展了基于侧扫雷达的在线流量监测系统等 9 项新技术新仪器研发推广和示范应用，并及时总结试点经验，由水利部印发了其中 6 项新技术成果应用指南，取得了良好效果。结合 2019 年水利部水文投资计划安排，各地完成了 270 个水文测站和 48 个水文监测中心先进仪器设备更新配置建设任务，取得了良好示范效应（图 5-6）。

图 5-6　广西侧扫雷达测流系统比测工作调研

各地水文部门积极与高新技术企业开展战略合作，大力推进水文现代化发展。长江流域汉口水文站建成全国首个 5G 网络服务的水文站，依托 5G 技术打通了汉口水文站至长江委水文局的广域网，可实现栈桥及周边半径 2～3km 范围内 360° 全景监控，为无人测站管理、水文监测辅助监控等方面提供了很好的示范。长江委水文局还与武汉大学、贵仁科技、阿里云等进行深度合作，引入机器学习与知识图谱等新技术，启动大数据应用信息平台建设，组建智慧流域联合实验室（图 5-7）；在三峡水库、乌东德水库建成了国内首批大水深双检核精密测深校验基准场，为大型水库高精度泥沙冲淤观测及研究夯实了基

图 5-7 长江委水文局与高校和 IT 企业共同组建智慧流域联合实验室合作签约仪式

础。在水文应急监测中，成功应用基于无人机技术的水位流量一体化监测系统、船载水陆立体监测随船一体化水边观测系统，在 GNSS 三维水道测深技术全江标准化应用试验性观测中也取得新进展。黄委水文局在干流水文站基本实现 ADCP 在线测流全覆盖，其自主研发的相控阵雷达测流系统投入比测试验，激光粒度分析仪达到国际先进水平并实现国产化，同位素在线测沙仪比测取得效果良好，无验潮模式测验技术在黄河口附近海区测验中正式应用，在全流域初步构建了现代化测报管理模式。浙江省联合"海康威视"在杭州建立了水文人工智能应用联合实验室，以人工智能图像识别为重点，完成大型水库、小二型水库、河道、潮位等 7 个不同类型水体的水文自动监测站建设，图像识别水位精度符合《水位观测标准》（GB/T 50138），并率先在国内制订了人工智能图像识别在水文测验上的技术标准和规范。宁夏回族自治区开展"测报改革促进年"活动，探索开展流量、水质在线自动监测，在引黄灌区渠首干渠、天然河道、排水沟等水体建成 6 处流量自动在线测流系统，并启动了 15 处水质在线监测系统建设，增强水文测报和信息服务能力。

2. 继续推进水文计量工作

全国水文系统持续推进水文计量工作。山东省完成"水量计量新技术与装备研发"推广应用，在山东、新疆等 6 个省份 70 个农业水价综合改革项目中广泛应用，通过合同节水管理模式在新疆哈密、吐鲁番等地推广，增收节支 10%，节约水资源 30% 以上，间接经济效益达 2000 余万元，社会效益显著。山东省水文仪器检定中心建设项目通过竣工验收正式投入使用，由该中心研发的流速、水位计量装置通过中国计量科学研究院的校准检测考核和水利部质检中心的检测评审，项目申请的 8 项发明专利、23 项实用新型专利均已获得国家知识产权局的受理。山东省水文仪器检定中心全年完成水文仪器检定检测量 1800 余台，覆盖 10 多个省（自治区、直辖市），检定仪器种类包括流速、流量、水位、雨量、测深、流向等，辐射行业包括水利、水文、环保、交通、科研院所、市政等部门，经济效益、社会效益显著。云南省组织西南仪检中心对水文计量器具进行管理和校准，完成流速仪修理、检定 602 部，完成了检测轨道调试、垫枕更换及水槽清洗等工作，组织完成全省翻斗雨量计校准 2736 台，水文（位）站水位传感器校准 247 台（套）。

3. 开展水文测验质量评定

为加强水文测验管理，提高水文监测数据质量，5—6 月，水利部结合水文测站"百站大检查"活动，组织专家对 7 个流域和 19 个省（自治区、直辖市）水文测验质量进行了检查；10—11 月，又组织对剩余的省份和新疆生产建设兵团开展了水文测验质量检查评定工作。被检查评定的 39 个单位中，有 32 个单位水文测验质量被评定为优秀，6 个单位为良好，1 个单位为合格。评定结果显示，全国水文测验质量总体较好，部分单位有待改进。针对检查评定中发现的问题，水利部水文司组织进行了梳理分析，对水文测验质量检查评定结果进行了反馈，督促各地根据评定结果和检查组反馈的本单位问题，举一反三，分析查找原因，认真解决。通过此次测验质量检查评定工作，推动了水文测站的规范化管理，促进了基层职工学习掌握业务技能，有效提升了水文测验数据质量和时效。

四、水文资料管理

1. 巩固水文资料整编改革成果

2019 年，全国水文系统进一步巩固资料整编改革成果，按照"日清月结"资料整编改革要求，全面推进水文资料整编改革，在全国水文系统干部职工的共同努力下，全面完成 2019 年度全国水文资料整编任务，为支撑水利监管各项指标制定和监督考核等方面工作提供了重要基础。截至 2019 年 1 月 31 日，全面完成 2018 年度全国 10 卷 74 册水文资料整编任务，比往年提前 10 个月，水文资料整编的时效性取得历史性突破。从终审情况来看，全国纳入资料整编的水文站和水位站 5374 处，降水量站和蒸发量站 16584 处，共计 4282 万字组数据成果，成果差错率为万分之零点五，优于《水文资料整编规范》（SL 247—2012）规定万分之一的要求，各册成果质量均为优秀。

针对 2019 年度资料整编工作，在 2 月召开的全国水文工作会议上，对继续推进水文资料整编改革工作进行了安排部署，要求各地优化完善水文资料整编工作流程机制，在 2020 年 1 月底前全面完成 2019 年度资料整编工作任务。3 月，水利部印发关于做好 2019 年度全国水文资料整编工作的通知，要求加强组织协调与业务指导，巩固改革成果，切实做到即时整编、日清月结，保证整编质量，做好资料整编新技术应用，开展技术培训。5 月，水利部水文司委托长江委水文局举办全国水文资料整编系统 HDP5.0 版培训班，通过对水文成果质量管理、水文成果合理性审查等方面的培训讲解，提高各地水文资料整编技术管理和整编审查人员的业务水平。水利部水文司结合 5—6 月水文测站"百站大检查"活动，以及 10—11 月年度水文测验质量检查评定工作，对各地水文资料即时整编、日清月结情况进行了督促检查。12 月，水利部水文司召开 2019 年度水文资料整编总结会议，通报了各流域片水文资料整编工作进展。

长江委水文局推进"互联网＋水文监测"，全新开发的在线整编平台正式运行，水文资料整编系统在 22 个省份推广使用。宁夏回族自治区打造"新平台"，利用信息化手段获取监测数据，将资料整编转变为"以信息化监测数据为主，人工监测数据校对为辅"的工作新方式，建成了宁夏水文综合业务系统测验整编平台，实现了水文原始资料从云平台采集录入，在线处理和合理性分析检查，全面替代了原始资料人工记载计算的传统方式，有力促进了"即时整编"落实，其中，"水文监测数据网络计算分析"和"水文资料整编网络处理"2 个业务系统获得国家版权局授予的软件著作权。云南省水文资料实时在线整编系统全面投入试运行，经过和传统整编结果比对，精度符合要求，工作效率大幅提高。

2. 水文资料使用管理

各地不断加强资料使用管理，充分运用水文资料做好服务工作，发挥水文服务社会建设的作用。浙江省将水文资料查阅服务纳入省水利厅"最多跑一次"公共服务事项，2019 年通过政务服务网为群众提供查询利用水文资料 21 次，为查询资料的群众和各有关部门提供利用各类档案资料共计 4116 页，查阅特种载体、合同档案资料计 25 件。黑龙江省全年为黑龙江省水利勘测设计院、黑龙江省水利科学研究院、天津海事测绘中心、金恒基科技股份有限公司、黑龙江省水利厅河长制办公室、中国铁路部门、中国地质部门等多家单位和部门整理提供数万站年的水文资料。江苏省推广应用水利云平台和水利一张图，做好水文数据和地理信息数据服务工作，全年为相关技术单位提供 1372 万条水文资料。山东省全年对外提供水文资料查询和分析成果 210 余次。贵州省向环境生态厅提供省内四个流域（清水江、红枫湖、乌江以及赤水河流域）水污染防治生态补偿考核所需的水量监测成果，向水利厅提供省市州界河流水质水量监测成果作为全省 9 个市州生态文明建设和水资源管理考核的依据。广东省2019 年为水利、电力、航运、海洋、科研、环保等行业的 8 个单位提供水文资料信息服务 30 次，数据量大约 260M。

第六部分

水情气象服务篇

2019 年，全国共出现 41 次强降雨过程，长江、黄河、淮河、珠江、松花江、太湖等六大江河流域发生 14 次编号洪水，长江洞庭湖水系湘江发生特大洪水，黄河上游持续大流量近 1 个月；黑龙江超警戒水位达 53 天，为 2013 年以来最长；共有 615 条河流超警戒水位、119 条河流超保证水位，为 1998 年以来最多；先后有 5 个台风登陆我国，超强台风"利奇马"持续时间长、影响范围广、降雨总量大，为历史罕见；旱情阶段性特征明显，南方出现伏秋连旱。面对严峻汛情旱情，全国水文系统深入贯彻落实水利改革发展总基调，进一步提高政治站位，强化大局意识，抓实抓细工作，将水文监测预报预警作为首要任务，狠抓预测预报能力水平提升，为守住水旱灾害防御底线，最大限度地减轻洪涝干旱灾害损失提供了有力支撑。

一、水情气象服务工作

1. 持续加强信息报送和共享工作

水利部根据年度工作需要及时增加报汛报旱任务，加强信息报送质量管理，完善水情基础数据库。2019 年，各地水文部门向水利部报送信息的监测站点达 11.69 万处，全年共报送雨水情信息 13.04 亿份，较 2018 年增加 3.5 成，其中，广西、四川、云南、广东、甘肃、湖南、江西、重庆、吉林、黑龙江等省（自治区、直辖市）报送信息的水文测站数量均超过 5000 处，基本实现信息全面共享。按照《水利部防御司关于核定大中型水库汛限水位的通知》和《关于加强大中型水库汛限水位复核及实时信息报送工作的通知》，各地核定 4037 座大中型水库汛限水位。雨水情分析材料报送日益丰富，各地水文部门向水利部共报送雨水情分析材料 6636 份，有 18 个流域和省（自治区、直辖市）年均报送材料超过 100 份，其中长江委、黄委、珠江委、太湖局、黑龙江、安徽、江西、湖北、浙江、广东等流域和省水文部门全年向水利部报送材料均超过 300 份，基本实现汛期每日报、非汛期每周报，材料分析深度不断增加。

各地水文部门积极向地方政府及防汛部门报送各类水雨情信息和成果。广东省向省委省政府和省防办等发布水情简报 486 期、超警水情快报 2024 期、水情预报 350 份和旬月简报 36 期，向水利厅、省防办报送实时雨量、水位、流量等雨水情数据约 3.5 亿条，向水利部、珠江流域防汛抗旱总指挥部报送雨水情信息 1.1 亿条。广西壮族自治区共编写水情信息专报等材料 2000 余期，发送水情短信 200 余万条，及时报送给各级党政主要领导、防汛办以及防汛抗旱指挥部成员单位等。山东省完成了水情数据政务共享，同时为省政府办公厅、省网信办、生态环境厅、应急厅、省武警总队等提供水情数据共享服务。

各地水文部门积极与气象、国土、水工程管理等部门沟通联系，建立信息共享机制，促进业务技术融合发展。长江委水文局与湖北省气象局建成同城 30M 地面光纤专线，全年共享气象部门约 2 万个雨量站实时信息，基本实现信息全面共享。海委水文局加强与气象部门的战略合作，为破解流域洪水预见期短的难题，2019 年与国家气象局、天津气象局签订战略协议，联合开展短临降水预报、流域雷达反演数据与洪水预报应用等项目，在 7 月 6 日潘家口水库入库洪水预报中，短临降水预报洪峰精度较应用欧洲气象中心预测精度提高了 30%，比实际降雨提前 3h 有效预见期。

2. 着力提高洪水预报精准度

为落实水利部部长鄂竟平"要逐步实现预测精细化：每个雨量站降雨量，每条江河哪些河段多大流量等都应预测"的批示要求，水利部水文情报预报中心利用数理统计、相似分析、数值模拟等多种预测方法，先后开展汛前、汛期、盛夏、"七下八上"、国庆假期及 10 月、秋季、冬春等阶段性中长期雨水情趋势预测分析，加强降水定量预测并首次开展全国主要江河年最大洪水定量预测，为超前部署水旱灾害防御工作提供重要参考。各地水文部门全力推进水文预报常态化工作，加强预报信息报送。2019 年共发布日常化预报 5394 站次，其中黄委、陕西等 15 个流域和省（自治区、直辖市）水文部门完成率超过 95%；珠江委、广西等 8 个流域和省（自治区、直辖市）水文部门在登陆台风影响期间滚动发布 73 个断面 2608 站次预报信息。在汛期强降雨过程开始后或主要江河发生洪水期间，各地水文部门及时进行预报信息共享和联合会商，每天滚动制作发布主要江河未来 24h、48h 河段超警超保预报，2019 年全国 323 个有洪水预报任务的水文测站中有 206 个预报站共发布 8857 站次作业预报。

6 月中旬以来，黄河源区水文监测断面流量增长明显，6—7 月先后出现 2 次编号洪水。基于汛期黄河上游来水持续偏多的情势，黄委水文局预报上游干流唐乃亥站 6 月 20 日 16 时前后达到 2500m³/s（实况为 19 时 24 分出现 2500m³/s 的洪峰流量），预报兰州站 7 月 3 日 20 时前后达到 3500m³/s（实况为 19 时 18 分出现 3420m³/s 的洪峰流量），提前一个多月预估龙羊峡水库水位将创历史新高，及时准确的洪水预报，为水工程科学调度等洪水防御工作提供了科学决策依据。

7 月，在应对长江中下游区域性洪水中，长江委水文局提前 3～5 天准确预报长江九江、大通江段及两湖水位将超警；湖南省提前 6 天预测湘江全线、资水干支流将发生超警洪水，部分河段可能超保证水位，为成功调度资水柘溪水库提前腾库、削峰拦洪并有效减轻下游防洪压力赢取了主动；江西省成功预报两次赣江全流域较大洪水，及时开展万安水库的预报调度工作，为赣江吉安段削峰错峰、减少吉安市高水位持续时间及减轻赣江中下游洪灾损失提供有力支撑。

8 月 10 日，第 9 号台风"利奇马"以 16 级超强台风登陆我国，持续时间长、影响范围广、降雨总量大，为历史罕见。安徽省提前 13h 预报水阳江上游中东津河将出现超历史洪水，提前 22h 预报水阳江宣城站、新河庄站将超保证水位，为河段沿岸有关单位和社会公众加强防范、及时避险 1.3 万人争取了时间；江苏省精准预报沂河港上站洪峰流量，准确预报嶂山闸 4000m³/s 下泄条件下骆马湖水位变化过程，最高水位误差仅 0.04m，为洪水防御工作提供决策依据。

各地水文部门充分利用中小河流水文监测系统项目建设站点，积极开展中小河流洪水预报预警工作。7 月 13 日，广西壮族自治区提前 7h 对阳朔县发布水情预报，特别针对阳朔西街、兴坪码头等沿江旅游群众密集区域发布定点精准预警预报服务，为提前转移人员和财产、实现人员零伤亡和财产损失最小化的目标做出突出贡献，得到桂林市领导高度评价。广东省实现全省流域面积在 200km² 以上的中小河流的 270 个水文站点预报预警全覆盖，中小河流洪水预报预见期均在 2h 以上，部分中小河流预见期达到 13h，水文预报的覆盖面、预见期及预报精度进一步提升。福建省建立小流域洪水预报模型，利用气象预报资料，在全省首次尝试开展中小流域洪水估报，可提前 2 ～ 3 天预估小流域洪水灾害，为乡镇村防灾赢得时间，在 2019 年 60 天内连续遭遇 6 场持续性大暴雨中，提前为临河乡镇提供 191 条次河流 211 次山洪估报预警，减灾效果显著，实现临河乡镇人员零死亡，中央及省内主流媒体和今日头条先后 67 次报道福建省水文服务防汛抗灾、践行初心使命的事迹。

3. 深入开展水情预警发布

2019 年，全国水文系统加强水情预警发布制度建设，拓展预警发布范围，强化预警信息实时性，水情预警公共服务全面推进。

松辽委水文局、浙江省出台了水情预警发布管理办法，目前全国出台水情预警发布管理办法的单位有 32 家。湖北省全省发布洪水预警站点数量增加至 47 个，预警范围覆盖全省主要江河湖库及重要中小河流。湖南省出台了《水旱情预测预警预报发布服务清单及模板（试行）》，进一步规范水情预警工作流程。各地水文部门共向社会发布水情预警信息 1694 条，其中洪水预警 1662 条，枯水预警 32 条，较 2018 年（857 次）翻了一番，为 2013 年开展水情预警发布工作以来最多的一年，其中广西、江西、湖南、广东、福建等 5 个省（自治区）水文部门发布预警信息均超过 100 条。

各地水文部门加强短历时暴雨、突发水情、地震周边水工程等重要雨水情的预测预警和信息报送。水利部水文情报预报中心开发雷达拼图定量化回波强度外推技术，制作发布未来 1 ~ 3h 内可能发生短时强降雨的区域，全年共发布预报预警 340 省次，区域降雨预警成功率近 8 成。安徽省利用气象部门的短临降雨预报成果，实现山洪灾害的在线预警、自动发布。福建省利用气象未来 6h、12h 的短临降雨预报，进一步拓展预报及服务范围，提供临河乡镇山洪预警，并分析提出风险区域，为防汛部门精准转移提供依据。

广西壮族自治区全年发布洪水预警 618 次，其中县级水文机构发布洪水预警 265 次，水情预警信息通过公益短信平台（12379）向社会公众发布，从根本上解决水情预警服务"最后一公里"的问题，全年发布 7 次全网短信，约 5000 多万条，为各级政府防汛指挥决策和社会公众防灾减灾避险提供重要信息。广东省积极探索水文预报与水利工程、防护对象集成耦合，在应对河源市大席河"1906"特大暴雨洪水中提前 4h 发出大席河上坪站洪水预警，连续 4 次做出滚动预报，并结合堤围高程提出洪水防御建议，为政府洪水防御决策提供有力支撑，全年共发布洪水预警 102 次，发送预警短信 35 万条。7 月 21 日，江西省针对明月山景区突发强降雨可能引发山体滑坡、泥石流及时预警，提请景区转移游客近 400 余人，未发生人员伤亡。

4. 拓展服务范围支撑水工程调度运行

按照水利部水库安全度汛有关要求，水利部水文情报预报中心在汛期对 4037 座有防洪任务的大中型水库的调度运行进行密切监视，采取"一省一单"、线上线下的方式，逐日统计超汛限时间超过 5 天、超汛限 0.5m 以上的大中型水库清单，标注病险水库及入出库报送情况，为确保水库安全运行和科学调度提供技术支撑。

各地水文部门积极拓展水文情报预报服务范围。江苏省以移动 APP 为载体，全面监控水库汛限水位，开展江苏省水库抗暴雨能力实时分析，构建实时分析业务化模块，全面提升水库水情预警、水文预报能力，形成水库实时监管网络体系。浙江省推动钱塘江流域防洪减灾数字化平台，整合水雨情监测、洪潮预报、洪水预警、联合调度等业务，实现水雨情监测"一键查询、自动监控"，洪潮预报"一键展示、动态演进"，洪水预警"一键发布、一键送达"，水情形势分析"一键生成"，开展浙江省江河湖库水雨情在线监测平台建设，挖掘水文数据价值，进一步提高自动化、智能化水平。

5. 积极开展旱情分析工作

水利部加强年度水库蓄水报汛质量管理，提升水库蓄水情况的统计分析能力，建立旱情分析常态工作机制，为应对全国阶段性、区域性旱情，特别是南方伏秋连旱，提供技术支撑。水利部水文情报预报中心开发连续无雨日数、高温日数、径流预报、来水预测、作物农时、土壤墒情等 6 种水文干旱业务产品。

各流域管理机构水文局首次开展主要江河重要断面中长期径流预测工作，逐月滚动制作发布未来 1 个月的来水量预测成果。各地水文部门持续推进旱情评估分析和旱情预测工作，为抗旱工作提供技术支撑。6 月下旬，山东省及时下发《关于加测土壤墒情的通知》，加大对旱情、墒情资料收集，加强旱情分析研判，并及时向防汛抗旱指挥部门提供分析成果。在南方夏秋冬连旱期间，江西省提前预报，建议省防汛抗旱指挥部门"抓住最后一场雨"，在确保防汛安全前提下科学增加蓄水，精准服务万安、峡江等赣江梯级水工程调度，保障了南昌市 360 万居民连续 4 个月的用水安全。安徽省全面分析河道、湖泊、大中型水库蓄水量和地下水可用水量，助力水利工程抗旱调度，保障居民生活和工农业生产用水需求。湖北省建立了包含水位、来水量、蓄水量、土壤墒情等水文要素的旱情评价体系，组织编写了《湖北省旱情信息服务顶层设计》，规范和指导全省旱情发布和分析工作，在 8 月至 10 月秋伏连旱中及时发布各类旱情分析材料 110 多份。浙江省对全省中型以上水库（梯级电站）和部分小（Ⅰ）型水库的水位库容关系曲线和水库特征水位资料进行核实和完善，积极服务水库蓄水量、可用水量分析等抗旱相关需求。安徽省适时组织开展旱情调查走访，拍摄农田、河道、塘库干旱等图片，及时报告河道断流、湖库干涸、引水、提水等实时水情信息。河南省在 106 处固定自动墒情站监测基础上，开展了 212 处移动墒情监测，全年共报送墒情信息 4.4 万份，编写雨水墒情简报及墒情图 45 期。浙江省全年报送墒情信息数据 33.6 万条。重庆市报送土壤墒情信息 94.5 万条，编发洪旱分析材料《水旱灾害防御信息》166 期。河北省全年共编制旱情简报 251 期。陕西省加强降水、河道来水、水库蓄水、土壤墒情等旱情信息报送质量考核，会商分析全省旱情发展趋势，编写发布旱情分析评估旬报 18 期，月报 12 期。山西省编写旱情分析评估 18 期，制作主要河流控制断面流量预报 14 期，为渭河水量调度、灌区引水和全省抗旱提供了技术支撑。山东每月发布旱情变化趋势，根据旱情发展，编写墒情简报 8 期，发布南四湖枯水预警 2 次。

二、水情业务管理工作

1. 水情业务工作持续加强

2 月，水利部召开流域水情预测预报工作座谈会，建立健全水情预测预报联动工作机制，采取有效手段，实现信息全面共享和统一发布，加强联合会商和滚动预报，提高预报精准度和时效性。6 月，水利部印发《关于加强水文情报预报工作的指导意见》，明确了推进洪水预报调度一体化和旱情监测评估常态化，拓展服务水资源管理与调度、水生态环境修复、水工程运行监管等方面的重点工作任务。水利部水文情报预报中心印发《全国主要江河洪水编号规定》

《我国入汛日期确定办法》等，组织海河流域各单位修订完成海河流域主要江河洪水预报方案，为备汛迎战海河流域"七下八上"防洪关键期洪水提供了重要的技术保障。海委印发《海河流域汛期水文应急监测联动机制》《海河流域汛期水文应急测报预案》，强化汛期水文应急监测联动与信息共享，紧扣海河流域 68 处重要应急监测断面以及可能出现的特殊水情，落实"以测补报"，确保实现"测得到、报得准"。松辽委印发《松花江、辽河干流洪水预警发布管理办法》《松辽委水情信息报送管理规定》，完善《2019 年水情气象处系统维护及预报工作职责分工》等规章制度，明确洪水预警、水情报汛、洪水预报和预报会商工作流程，进一步强化防汛工作的组织管理和责任分工，提高工作效率和服务质量。广东省印发《关于加强广东省水文情报预报工作贯彻落实意见》，划分近期和远期两个阶段目标，提出 18 项工作任务、制定 75 项具体措施。广西壮族自治区制定印发了《2019 年水情管理工作要点》，进一步明确自治区水文情报预报工作管理考核指标体系，为各地市（沿海）直属水文中心及县域中心水文站全面完成年度水情业务及信息服务工作奠定坚实基础。

2. 社会服务及时高效

各地水文部门积极利用水情业务移动平台开展水文社会服务。广东省水文微信公众号完成 35 期微信专题制作和发布，向公众提供优质水文信息服务，指导公众做好暴雨洪涝灾害的避险防御，单期最大阅读量超过 10 万人次，水文情报预报服务能力得到中央电视台及广东卫视等主流媒体充分肯定，服务成效受到南方日报的点赞。山东省积极通过移动短信平台、报刊、电台、水文信息月报、APP 等多种形式向社会发布雨水情信息，全年为山东电视台、大众网、齐鲁网、《齐鲁晚报》等媒体提供 30 篇稿件，提升了水文的知名度，起到了良好的社会宣传作用。

黄委水文局对上游干流头道拐站开河期最大十日水量及洪峰流量进行预报，并滚动分析内蒙古河段槽蓄水增量变化，为黄河防凌、水库调度及利用桃汛洪水冲刷降低潼关高程试验提供技术支持。珠江委水文局密切跟踪流域雨水情变化，适时开展长、中、短期来水预报，结合大藤峡工程截流期实时水文监测数据，滚动预报截流戗堤上下游和龙口水力学要素，为大藤峡工程提前一个月实现大江截流目标提供了可靠的技术依据。江西省开发了"九江城市水文信息采集系统"，实时监测城市内涝积水深度，通过应急广播向社会公众实时播报，有效地保障市民和车辆的通行安全。

第七部分

水资源监测与评价篇

2019年，全国水文系统认真贯彻落实新时代治水思路，团结协作真抓实干，水资源监测体系逐步完善，监测能力持续提升，服务水平不断提高，服务领域接续拓展，为水利工作和经济社会发展提供支撑和保障，取得了显著成效。

一、水资源监测与信息服务

1. 行政区界断面水资源监测分析

2019年，水利部加快全国省界断面水文站网建设，组织各流域管理机构会同省级水行政主管部门，开展流域省界断面水文监测方案编制和审查，全面建成覆盖确定开展水量分配的53条跨省江河的省界断面监测站网，规范开展省界断面水文水资源监测工作。水利部水文司组织开发完善全国省界断面水文水资源监测信息系统，建立了信息报送机制，组织开展省界水资源监测数据分析评价，编制《全国省界和重要控制断面水文水资源监测信息通报》。在此基础上，组织开展了全国县级以上行政区界水文水资源监测情况调查，为完善行政区界站网布设打下基础。

各地水文部门充分运用新技术新设备，提高水资源水量水质监测能力，深化水文原始数据分析评价，为落实最严格水资源管理制度等工作提供有力支撑。长江委水文局通过长江流域省界断面监测站网新建工程，一期建设7个省界水量监测站点正式运行，二期新建17个省界水量监测站点完成验收并投入试运行。黄委水文局圆满完成流域省界和重要控制断面水文测站基本信息、历史数据填报校核，加强对自身测站及流域内各省（自治区）水文测站监测信息审核，确保数据质量。松辽委水文局建成张家湾等 8 处省界自动监测站，配备雷达水位计和视频监控系统，编制测站巡测方案，累计收集数据 10 万余条。辽宁省开展 52 处地市界断面监测建设，实现对全省 32 条重点保护河流跨地市界控制断面及部分重要节点水质水量有效监控。贵州省通过市州界河流水质水量监测项目，建设完成全省 71 处水资源考核监测断面并投入使用。四川省开展了 108 个市（州）县（区）行政交界断面枯水期水量监测。

各地水文部门加强行政区界断面监测管理。长江委水文局启动长江流域省界断面邻省之间的资料互审工作，编制发布《长江流域重要控制断面水资源监测通报》。江西省制定《江西省界河断面水文监测管理实施细则》，对监测站点的规划、建设、管理、监测、预报等方面做出详细规定。湖南省做好跨行政区界河流和站网信息复核，对水文空白河段提出监测要求，组织编制《2019 年度湖南省水资源监测通报》。广西壮族自治区组织编制了《河流流域与评价断面水量计算规范（征求意见稿）》，明确 166 处跨设区市界和县界等水量评价断面，编制《县级以上行政区界及主要河流水量计算手册》。四川省加快推进新技术应用，发布《四川省主要江河江流域控制断面流量在线监测设施建设技术指导意见（试行版）》等技术要求。

2. 服务最严格水资源管理制度

围绕最严格水资源管理制度落实，全国水文系统不断完善水资源监测体系，加强数据收集和分析，积极参与江河水量分配方案编制和水资源配置研究，探索建立水资源承载能力监测预警机制，为最严格水资源管理制度评估考核、水量调度和水资源管理等工作提供基础支撑。

各地水文部门加强水资源监控能力建设，做好取用水监测核算。辽宁省建立省级水资源监控管理信息平台，从水源、取水、用水和排水等水资源开发利用主要环节出发，为全省 181 户取用水户提供水资源监测服务。河北省完善省级水资源监控能力建设平台，开发供水用量合理性分析、数据资料整编等项目。

黑龙江省通过水资源监控能力建设项目,建设取用水水量自动监测站点1485处,水源地水质在线监测站17处。江苏省积极为江水北调和通榆河北延送水工程抗旱调水全过程提供水量统计分析服务。湖北省开展全省农业、工业、生活、生态用水量调查统计。宁夏回族自治区牵头起草《宁夏水权交易流程指南》,全国首家将水权交易纳入公共资源交易体系,将用水统计与水资源费改税改革相结合,出台了《宁夏用水总量统计调查制度》。山东省做好全省年度区域用水总量监测、统计核算,协作完成对本省和地市最严格水资源管理考核。陕西省对全省1421个用水户用水数据进行复核审查,开展全省长江流域2151个取水工程核查工作,形成陕西省长江流域取水项目名录、取水工程(设施)基本情况汇总和名录统计表。四川省开展取水口核查登记,全省共核查取水工程(设施)42952个,登记完成33165个。

各地水文部门积极配合开展水量分配方案编制。松辽委水文局编制完成《拉林河水量调度方案》和《辽河干流水量调度方案》,四川省参与岷江等7条江河水资源调度方案编制,甘肃省配合完成黑河、嘉陵江、大通河、洮河、石羊河等4条重要河流水量调度工作。河北、陕西、浙江、湖南等省完成全省2016年、2017年两期水资源资产负债表编制工作。安徽、甘肃、广东等省完成本省行业用水定额修订工作等。

3.服务水生态文明建设

水利部围绕水生态水环境管理需求,进一步扩展水文服务领域,部署开展河湖水生态水环境监测试点工作,组织开展重点河湖生态流量(水量)保障试点监测站点复核,明确监测技术要求,组织编制水资源水量监测技术指南。

各地水文部门积极开展重点区域水资源监测分析。海委水文局开展南水北调东线和中线沿线水文监测及预测分析、华北地下水超采区水文监测评价和滚动预警、永定河生态补水重要断面径流预测工作。松辽委及内蒙古、吉林、辽宁等流域管理机构和省(自治区)水文部门,认真落实中央领导对西辽河流域"量水而行"重要指示精神，研究健全完善西辽河流域水文监测站网体系，编制印发《西辽河流域水文监测方案》，组织开展 2019 年西辽河流域专项水文监测，及时开展西辽河流域年度水资源监测动态分析评价，编制完成《西辽河流域水资源监测与分析评价报告（2019）》。内蒙古自治区贯彻落实习近平总书记对内蒙古生态建设重要批示指示精神，开展"一湖两海"水文监测，编制专项监测规划，制定监测方案，报送水文监测专报。陕西省强化秦岭北麓重要峪口水资源监测，每季度印发《秦岭北麓重要峪口水资源监测通报》。青海省开展三江源、青海湖、祁连山地区水资源监测评价工作，编写完成年度水资源监测评价报告，参与三江源地区重点湖泊河段水生态调查监测，编制完成《三江源水资源本底白皮书》等。

各地水文部门积极做好生态流量指标制定、监测与分析等工作。甘肃、江西、贵州等省编制完成洮河、渭河、饶河、乌江流域等生态流量（水量）保障实施方案。四川省开展岷江、沱江流域水量调度在线监测，全年发布沱江流域枯期水量监测工作简报 23 期、岷江流域枯期水量监测工作简报 17 期。安徽省开展颍河生态流量监测分析和信息发布工作，组织编制多条重要河流生态流量监测方案。上海市开展"一江一河一湖一片区"生态流量（生态水位）专题研究。海南省认真做好南渡江等主要流域 7 个水文站生态流量监测分析工作，开展了流域上下游横向生态保护补偿试点水资源监测，为促进流域综合治理和生态修复提供了关键依据。

各地水文部门积极做好生态补水和水量调度水文监测支撑。4—6 月，天津市开展了南水北调东线工程北延应急供水和天津市北水南调工程向北大港水库应急供水的水量监测，为下一步应急通水常态化调度提供借鉴和依据。河北省全年开展滹沱河、滏阳河、拒马河三条河流生态补水监测与信息上报、效果评估工作。安徽省做好合肥市江水西引引水方案编制，对生态补水沿线干支流流量动态监测和工程调度进行水文分析计算，为优化调度方案提供水文服务。

4. 服务河长制湖长制

各地水文部门健全服务河长制湖长制水文工作体系，做好水量、水质监测评价与信息报送，为各级河长湖长决策管理提供了坚实支撑。

湖北省对省级党政领导担任河湖长的 18 个河湖的水质水量状况进行逐月分析评价，对水质水量较差的河湖提出治理建议，受到省委省政府领导的高度肯定。福建省水文部门与各级河长办建立联席会商工作机制，积极做好专项水质监测和河流健康评估，完成全省 259 处监测站点地表水、8 个断面藻类、90 个断面富营养化项目的监测工作，完成 27 处地下水站和 111 处乡镇交界和水库水文测站的水质监测工作，为河长办研究解决水污染防治的重点和难点问题提供技术支持。广西壮族自治区强化地市水文中心和县级中心水文站服务河长制服务体系建设，通过落实分级管理和对口服务措施，2019 年列入县（市、区）河长制成员的水文测站达 110 处，占全区设立河长制县（市、区）的 93%，组织编制《县级以上河长制河流水文特征手册》。天津市做好"河长制"专项水文监测评价，每月将考核成绩上报市（区）河长办。江西省在第一次全国水利普查基础上，对全省流域面积 10 ～ 50km^2 河流进行普查，完成流域边界、数字河流特征成果校核分析及入库工作，形成"数字画像"。海南省为河湖"清四乱"、河湖管理范围划定等专项行动提供技术服务，加强对河流、重要水库、水源地、水功能区水质断面、地下水等动态监测，每季度发布省级管理水域的水质监测评价结果，为河长制湖长制的管理实施提供基本依据。

5. 开展城市水文工作

各地水文部门持续推进城市水文工作，积极完善城市水文监测体系，努力与城市发展和城市水问题的规划、管理及研究相适应，全国城市水文试点城市达 62 个。

各地水文部门不断健全城市水文站网。湖南省建设城市水文站 10 处，陕西省在咸阳市主城区建设内涝积水预警监测站 2 处，吉林省建设城市雨量站 61

处、水位站 1 处，为地方政府及时提供内涝情况监测和城区积水预警。辽宁省规划"十四五"期间，在省内多个防洪排涝重点城市补充建设水文站 10 处，雨量站 30 处；江西省组织编制《江西省城市水文监测规划》，通过省水利厅审查。山东省开展重点区域专项水文监测，全年监测山东四大泉群的 9 个断面水位、流量 300 余次，安装泉水流量实时监测系统 2 处，发布《济南市四大泉群动态信息月报》12 期。上海市以保障中国国际进口博览会场馆周边 300 条河道水环境面貌为目标，组织开展了专项水文监测，为中国国际进口博览会 7 月在上海成功举办提供了有力的水文保障。河南省加强城市水文基础研究，建设完成郑州城市水文实验站，将开展人类活动影响下城市降雨径流规律、城市暴雨洪水预警预报系统完善与提升等七个方向的重点研究。山东省加强与北京市城市水文技术交流与合作，"城市水循环与海绵城市技术北京市重点实验室济南市城区水文中心试验基地"在山东揭牌。

6. 做好第三次全国水资源调查评价

围绕水利部、国家发展改革委联合开展的第三次全国水资源调查评价工作，全国水文系统积极开展基础资料收集、外业调查、专业调查评价、成果协调汇总、平衡分析、调查评价技术报告编制、专题报告编制和课题研究等工作，系统评价水资源及其开发利用状况，摸清水资源消耗、水环境损害、水生态退化情况，提出全面客观的评价成果。国家层面和各流域管理委员会水资源调查评价成果和分流域片评价报告编制工作已经完成，形成的第三次水资源调查评价成果包括水资源分区成果、水资源数量成果、水资源质量成果、水资源开发利用状况调查评价成果、污染物入河量调查评价成果、水生态状况调查评价成果等。

7. 强化水资源信息发布

全国水文系统加强水资源监测和分析评价工作，积极开展年度水资源公报编制、水资源管理年报、泥沙公报等编制及发布，为各级政府和社会公众提供水资源信息服务。

水利部编制完成《中国河流泥沙公报（2019）》，该公报电子版面向社会公众发布，可在水利部主页"数据—统计公报栏"全文浏览。长江委水文局开展了长江流域重要控制断面水资源监测通报、月报和年报编制工作，在长江委网站进行发布。淮委水文局共施测南水北调东线一期省级段流量 819 次，发布信息简报 165 期，月调水总结 6 期，通过手机短信平台提供信息服务 5610 人次，为东线水量调度和水源配置提供信息服务。太湖局水文局发布太湖水质信息 177 期，发送蓝藻监测与预测短信 0.7 万条。松辽委水文局完成松辽流域水资源公报、水资源管理年报的编制与发布。北京、河北、辽宁、吉林、上海、浙江、安徽、宁夏等省（自治区、直辖市）均发布年度水资源公报，为相关部门与社会公众提供分析评价成果和水资源信息服务。广西壮族自治区统一自治区、市、县三级水量服务信息，编发《四大干流水量信息》《流域生态水量信息》和《水资源管理水量信息》各 10 期。河北省编制地下水动态月报 12 期，及时发布京津冀地下水动态。浙江省的水文信息分析发布工作，为省内绿色发展指标体系考核、设区市领导班子和领导干部推动高质量发展综合绩效考核、生态省考核等多项考核提供技术支撑。

二、地下水监测工作

2019 年，在水利部和各地水文部门的共同努力下，国家地下水监测工程（水利部分）通过水利部组织的工程整体竣工验收，并完成了年度国家地下水监测系统运行维护和地下水水质监测任务。随着国家地下水监测工程建设站点的投入运行，地下水监测站网布局逐步完善。在此基础上，开展了华北地区地下水超采综合治理水文监测工作，开展了 2019 年度地下水监测站"千眼检查"工作，各地也相应开展了地下水日常监测和资料整编、地下水超采区监测及分析评价以及信息服务和成果发布等相关工作，地下水监测工作稳步推进。

1. 国家地下水监测工程建设及管理

国家地下水监测工程（水利部分）于 2015 年 9 月开工，2019 年 9 月全面完成全国 10298 个站、1 个国家中心、7 个流域中心、31 个省级和新疆建设兵团和 280 个地市级中心等建设任务，通过了水利部组织的工程整体竣工验收，建成了覆盖全国的国家地下水自动监测系统，建设了与基本需求相匹配的信息服务系统，基本实现了业务流程综合分析一体化。水利部与自然资源部联合颁布《国家地下水监测工程水利部与自然资源部信息共享管理办法》，建立了两部信息共享交换工作机制，目前两部已累计共享信息 2.5 亿多条（组）。

3 月，水利部办公厅印发《关于做好 2019 年国家地下水监测系统运行维护和地下水水质监测工作的通知》，要求充分发挥监测数据在地下水强监管和超采区治理等方面作用。各地水文部门克服困难认真完成国家地下水监测系统运行维护和地下水水质监测任务，北京、山西、辽宁、吉林、江苏、福建、江西、山东、河南、广东、重庆、四川、陕西等省（直辖市）完成了 2018 年地下水自动监测站资料整编和刊印工作，上海市落实地方财政资金 58.416 万元用于国家地下水监测系统的运维和水质监测工作，地下水监测站网和信息服务有序推进。

各地水文部门加强国家地下水监测工程管理工作。北京市根据《北京市地下水自动监测运行维护工作手册》要求，完善定制软件功能，升级后的功能模块于 4 月通过测试并上线运行，实现了每日自动统计生成相关表格，并向运维单位自动发送两次监测问题邮件，在数据接收软件与运维公司之间架设了信息桥梁，提升了运行维护工作的针对性与运维效率。黑龙江省制定了《黑龙江省地下水监测工作管理办法》，形成省、市地和勘测队多层级管理模式，明确了各级部门管理职责，规范运行维护工作行为。安徽省编制了《安徽省地下水自动监测站运行管理办法（试行）》，规范地下水站监测运行维护工作。山东省制定出台了《山东省地下水自动监测站运行管理办法》，明确由省水文局、各地市水文分局信息化处（中心）负责服务器的运行维护工作，水资源评价处

（科）负责数据维护工作，同时明确了具体负责人员。河南省组织开展《河南省地下水自动监测系统运行维护管理办法》及《运行维护工作手册》编制工作，起草了《地下水自动监测站保护装置设计与安装标准》地方标准项目建议书。广西壮族自治区制定了《广西地下水监测系统运行维护管理暂行办法》，规范校测及其记录工作，确保自动监测信息畅通。重庆市制定了《地下水监测工程运行维护和水质监测监督管理办法（试行）》。上海市制定了《上海市地下水监测运行维护实施细则》。湖北省制定了《湖北地下水监测工程运行维护实施细则（试行）》。福建省制定出台《国家地下水监测工程（水利部分）福建省项目运行维护管理实施细则（试行）》，全年地下水站监测信息省级节点到报率100%，信息完整率97.6%。江西省制定了《江西省国家地下水监测工程（水利部分）运行维护管理实施细则》，实行省级中心、地市分中心、巡测中心三级管理的模式，分工明确、责任到人，并且列入年度工作考核。广东省制定印发《广东省地下水监测工程运行维护管理实施细则（试行）》，明确了省水文局的责任部门和各地市水文分局的管理职责。

2. 国家地下水监测工程发挥效益

依托国家地下水监测工程，水利部建成了较为完善的国家级地下水自动监测站网，实现了对全国大型平原、盆地及岩溶山区350万 km² 地下水动态的有效监测，站网密度每千平方公里由2.9个提高到5.8个，按照区域控制和重点布设相结合的原则，在地下水超采区、南水北调受水区、供水水源地、海咸水入侵区等特殊地区加密布设，其中华北地下水超采区和南水北调受水区站网密度每千平方公里达到15～40个。通过国家地下水监测工程建设实施，北方主要平原区站网密度显著增大，南方大部省份填补了地下水监测站网空白。国家地下水监测工程的数据为各级水行政主管部门对地下水资源的开发利用、节约保护提供了坚实的管理依据。

天津市依托国家地下水监测工程，积极调整优化地下水监测站网体系，加大地下水超采区监测站点密度，在地下水超采区复核及南水北调通水超采区治理效果评估工作中发挥作用，为最严格水资源管理制度考核、超采区治理、地下水压采管理、海绵城市建设、南水北调运行等工作提供基础数据支撑。广东省国家地下水监测工程建成后，完善了雷州半岛地下水监测站网体系，通过实时监测地下水动态，对于指导抗旱、合理持续开发利用地下水资源，优化区域水资源调度以及生态环境保护工作具有重要的作用。陕西省国家地下水监测工程建成后，显著提升了地下水监测自动化水平，2019 年监测地下水水位信息102 万余条，地下水监测信息的时效性、准确性大幅提高，对于推进"两水"统管和水位指标考核工作，提供了坚实基础。新疆维吾尔自治区通过项目建设形成布局合理的国家地下水监测站网，覆盖范围为除石河子市以外的 14 个地、州、市的平原区，监测控制面积 10 万 km²。

3. 地下水超采区监测及评价

针对华北平原地下水超采问题，水利部、河北省人民政府共同开展了华北地下水超采综合治理河湖地下水回补试点工作，选择河北省境内的滹沱河、滏阳河、南拒马河三条典型河流的重点河段，开展为期 1 年的地下水回补工作，9 月又制定了后续补水方案。海委水文局、河北省编制完成华北地下水超采综合治理河湖地下水回补试点监测工作方案、华北地下水超采综合治理河湖地下水回补试点巡测复核和监督方案等。在此基础上，河北省对滹沱河、滏阳河、南拒马河的沿途 30 处控制断面开展水量监测（图 7-1），并对 11 处地表水水质监测断面和 119 处地下水站进行动态监测和分析，完成了第一阶段补水水文监测任务，逐月提交《华北地区地下水超采综合治理河湖生态补水监测评价月报》。根据后续生态补水方案，水利部水文司组织海委、北京市、天津市、河北等流域和省水文部门制定相应的监测方案，继续开展水文监测与分析，为地下水回补试点整体工作起到了基础支撑作用，为下一阶段大范围开展华北超采综合治理河湖生态补水工作积累了经验。

图 7-1　滹沱河试点断面水文监测现场流量测验

　　海委水文局根据《水利部办公厅关于印发华北地区地下水超采综合治理行动工作实施方案和 2019 年重点工作安排的通知》（办规计〔2019〕58 号）确定的治理目标，以"一张表、一套图、一个清单、一个系统"的评估体系为核心，构建了服务于华北地下水超采综合治理措施管理和效果评估的业务应用系统。目前，该系统可行性研究报告和初步设计报告已经通过国家发展改革委和水利部的批复，项目总投资 693 万元，系统将为华北地区地下水超采治理提供长期的信息支撑。

　　北京市结合北京市地下水超采综合治理的监测要求，以实时监测北京市地下水水位、评价水资源量，支撑全市地下水分区县考核，落实超采区治理和最严格水资源管理制度为目标，在现有地下水监测站网基础上，启动了北京市平原区地下水自动监测井的建设。2019 年，完成了 485 个监测井的土建任务，并开展了全部监测井的水质背景监测，完成了全部工程 99.9% 地下水位自动设备安装和上线试运行，完成了平原区地下水信息系统中地下水站基础资料（监测井成井柱状图、抽水试验资料等）整理入库、自动监测数据接收功能开发、水资源评价与预测预报数值模型研制等前期工作。

　　河北省依据《地下水监测工程技术规范》对全省 128 个县不同地下水类型

区逐个开展站网优化调整，共划分 495 个单元，裁撤地下水站 60 处、新增地下水站 295 处，各个地下水类型区均达到了技术规范规定的站网密度。

陕西省按照《陕西省地下水超采区划定与保护方案》和《陕西省地下水超采区治理方案》，通过节水压减、水源置换、修复补源三个方面开展治理，2019 年全省地下水超采区共压采地下水量 4674.49 万 m^3，超额完成年度目标 4097.49 万 m^3 的压采任务。通过综合治理，全省地下水超采区得到了有效控制，超采区范围逐步缩小，地下水水位逐步恢复。宁夏回族自治区推进地下水超采区评估与监测工作，启动编制银川市、石嘴山市地下水超采区 30 处地下水自备井改建监测站建设方案。

4. 地下水资料管理及分析评价

水文部门通过多种形式，积极为各级政府和社会公众提供动态分析成果。水利部水文司组织编制完成《地下水动态月报》12 期、《地下水动态年报》1 期，《地下水动态月报》面向全国水利部门、水文系统及相关部门，全年累计发放 2100 余册，月报电子版通过水利部网站向社会发布。

吉林省地下水监测资料积累了 40 多年，2019 年将 76902 站年埋深、水温和水化学资料整理入库并进行全部校核，同时对原整编软件进行升级，资料整编成果可直接进入国家地下水监测工程数据库。黑龙江省编制了《2018 年黑龙江省地下水监测年报》和《2018 年全省平原区浅层动态分析报告》，完成三江平原、松嫩平原、穆棱兴凯平原等 5 大平原区地下水动态分析工作，开展了全省地下水资源评价以及哈尔滨市、大庆市地下水超采区分析报告编制工作，纳入《黑龙江省水资源公报》进行发布，还多次为中国地质调查局、中国水科院、水规总院和省应急厅单位提供地下水监测数据，为不同部门提供技术服务。江苏省编制了《江苏省地下水监测年报》（2018 年度），首次使用地下水整编软件完成 2018 年度国家地下水监测工程资料整编工作。湖北省编制完成 2018 年度《全国地下水年鉴（湖北卷）》。山东省每季度发布一期《山东省平原区地下水通报》，淄博市、潍坊市、威海市、聊城市等地将国家地下水监测工程监测站与地方建设的地下水站监测信息结合，对本地地下水水位动态进行分析评价，编辑地下水动态月报，将国家地下水监测工程地下水实时信息用于防汛抗旱，分析汛期暴雨对地下水埋深的影响。陕西省编制完成《地下水通报》《地下水监测成果报告》和《地下水监测资料年鉴》等成果报告，开展《关中盆地地下含水层空间分布特征研究》《关中平原地下水水位水量双控管理模式研究》等，为地下水科研应用提供技术支撑。

5. 地下水监测管理工作

为切实抓好地下水监测数据质量，提高管理水平，在各地水文部门大力支持配合下，水利部组织开展地下水监测站"千眼检查"工作（图7-2），重点针对地下水超采区，派出15个检查组，120名检查人员，分60批次，采用明察暗访方式，检查地下水监测站的设备状况、数据质量和到报率等内容。其中，水利部水文司牵头4个组，参加6个组；水利部监督司参加6个组；水利部信

图7-2　河北省地下水监测站"千眼检查"现场工作

息中心牵头 3 个组，参加 4 个组；流域管理机构各牵头 1 ~ 2 个组。现场检查地下水站 1202 个，共发现问题 900 个。印发整改通知后，各地完成整改问题695 个，整改率为 77%，同时对未完成整改问题制定了整改计划。10 月，组织对 8 省（直辖市）25 处地下水站整改情况进行复核，复核核实率 96%。通过检查和整改，初步摸清了地下水监测站网的运行状况，促进了基层人员的技术规范应用和操作技能，提升了监测数据质量和到报率，带动了各单位加强对地下水监测的管理，提高了地下水站及监测系统运行维护水平，夯实了为水利行业强监管的基础支撑。

河北省按照《水文测站代码编制导则》，对 126 处测站编码重复的地下水站重新编码并进行报批报备管理。黑龙江省集中开展了 2019 年国家地下水监测站联合检查工作，黑龙江省水文水资源中心、市（地）水文水资源中心和设备供应商三方联合检查国家地下水监测站，先后派出 8 批次检查组，抽查监测站 10% 左右。江苏省组织各地市水文分局开展国家地下水监测工程监测站仪器设备巡检工作，对水位自动监测设备进行每日监控，及时排查问题，对地下水业务系统、服务器运行状态定期检查，保证地下水查询与维护系统正常使用，发现问题第一时间通报施工单位开展维护，保证数据正常传输，地下水自动监测设备到报率稳定在 95% 以上。

三、旱情监测基础工作

各地水文部门认真做好墒情站点运行维护和更新改造，加强监测数据质量管理，为服务抗旱工作做好水文支撑。吉林省在关键农时季和发生重大旱情时，快速反应、积极应对，调整人工监测频率，加密墒情监测，增加移动监测，扩大旱情调查范围，对发生旱情地区采用多种方法评价，提出相关对策措施建议，为各级领导决策抗旱做好参谋助手。江西、浙江等省落实墒情站运行维护管理单位，组织开展墒情监测站点更新改造，编制完成有关建设规划。宁夏回族自治区梳理墒情监测站点，划分信息报送等级，强化墒情资料整编，切实提高监测资料质量。辽宁省将墒情监测工作纳入"水文测验质量标准化年"活动，按墒情站类型提出不同质量管理要求，通过现场检查指导、资料整编复核等方式提高监测人员操作水平，保障监测数据质量。

第八部分

水质监测与评价篇

2019 年，全国水文系统积极推进能力建设，优化调整水质监测站网，确定了机构改革后水质监测的骨干站网和水质监测基本任务，认真做好水质水生态监测与分析评价工作，水质监测服务范围不断拓展，管理和科研水平持续提升。

一、水质监测基础工作

1. 优化调整水质监测站网

水利部印发了《地表水国家重点水质站名录》，确定了机构改革后水质监测的骨干站网和基本任务。各地水文部门重新梳理优化水质站点，按照代表性、重要性、系统性和同步性原则，确定 4455 个地表水国家重点水质站，其中河流型水质站 3345 个，湖泊型水质站 287 个，水库型水质站 823 个。这些站点的监测信息能够基本反映我国江河湖库地表水水资源质量状况，反映重大国家战略流域区域水资源质量状况，是做好水利行业监管、水资源管理保护等工作的重要基础。

2. 持续推进水质监测能力建设

实施水资源监测能力建设工程等项目，2019 年，中央下达超过 1 亿元资金用于新建、改建全国 50 余处水质监测（分）中心。各地积极落实地方配套资金，加强设施改造和设备更新，同时注重人才引进与人员培训，提高水质监测能力现代化水平。

各地水文部门基础设施能力建设稳步提升。长江委水文局在丹江口库区上游建设的兰滩、上津、照川、鄂坪、淘河水库、梅家铺等 6 个水质自动监测站通过竣工验收，并正式投入使用。珠江委水文局自筹资金重新建设流域中心水质实验室，历时3个月，于11月全部设备安装到位，同步开展仪器设备计量检定、检测方法验证工作，12月通过资质认定预评审，水质实验室管理体系和现场考核等项工作得到评审专家组高度评价。内蒙古自治区中心水质实验室安装摄像监控设备、增加烟感探头及灭火毯等安全设备，保证实验室人员及环境安全，各地市水质分中心的安全及环境等均有不同程度改善。吉林省水环境监测中心投资约1500万元，为吉林、白城、四平三个地市水质分中心购置流动注射分析仪、原子荧光分析仪等大型仪器设备。黑龙江省投入500余万元采购了气相色谱仪、便携式快速毒性测定仪等22台套水质监测仪器。山西省对省水质监测中心进行维修抗震加固和实验室装修改造。上海市建成苏州河支流16座水质自动监测站并投入运行（图8-1）。江苏省投资2700多万实施宿迁水质分中心的新建实验楼建设，已进入征地阶段。安徽省新建六安市水质分中心实验室，改建蚌埠市水质分中心实验室，全年建设跨市界断面水质自动监测站34个，开展水质水量监控系统开发、水质评价与预警模型建设等软件开发建设工作。江西省6个地市分中心水质实验室装修改造完成验收，其中新建4个、改造扩大2个，装修改造后每个实验室面积均超1000m²，初步达到了集中通风、供气、污水处

图 8-1　上海市龙尖嘴
水质自动监测站

2019 Annual Report of Hydrological Development

理等现代化实验室标准。陕西省汉中市水质分中心完成了实验室装修与迁址工作，新建实验室面积达到 $1200m^2$，商洛市水质分中心实验室大楼建成，实验室面积大于 $600m^2$，解决了汉中市、商洛市分中心水质实验室面积严重不足的历史问题。

水质监测人员队伍能力建设不断加强。由水利部和中国农林水利气象工会主办、上海市水文总站协助承办的"助推绿色发展 建设美丽长江"水质监测技能竞赛取得圆满成功，来自长江经济带11个省（直辖市）和长江委水文局、太湖局水文局共13支参赛队伍78名选手参赛，对促进水质监测人才队伍建设和整体技术水平提高发挥了重要作用（图8-2）。江西全省从事水质分析人员由2016年的84人增至2019年的124人，增长48%，其中具有本科学士及以上学位占比92%，人员素质得到较大提升，除实验室内部培训外，创新思路，与相关检测培训院联合办班，针对急需的水质实验室扩项迁址评审、管理岗位人员变动等情况开展针对性培训，全年培训100人次，取得良好效果。湖南省组织洞庭湖周边的益阳市、常德市、岳阳市水质监测分中心参加生态监测培训、跟班学习，提高技术人员生态监测技术水平。云南省针对近期新发布的石油类、粪大肠菌群等项目检测方法，对全省50余名技术人员进行监测技术培训，组

图8-2 "助推绿色发展 建设美丽长江"水质监测技能竞赛

织各地市水文分局的水生态监测技术人员进行培训，邀请水利部中国科学研究院水工程生态研究所、北京市水文总站专家对浮游生物分类理论和监测方法等进行专业培训。

3. 不断拓展水质监测服务范围

各地水文部门认真开展地表水水质监测，对 10298 处国家地下水监测工程监测井、97 处地下水水源井和 684 处地下水生产井实施水质监测，完成国家地下水监测工程监测井监督性监测 433 处和比对观测 519 处工作。水利部办公厅印发《关于做好饮用水水源地水质监测工作的通知》，部署开展全国重要饮用水水源地等水质水生态监测，逐步推进农村供水工程万人以上集中式饮用水水源地水质监督性监测工作，进一步加强供水安全保障。各地水文部门积极调整工作思路和战略布局，紧紧围绕水利改革发展总基调对水质监测工作的新要求，找准水质监测服务切入点，主动作为，做好水质监测工作。

各地水文部门及时开展输调水水质监测工作。天津市对引滦水源向北大港水库补水等一系列输调水进行水质监测工作。河北省开展南水北调生态补水、引黄济淀、永定河调水、白洋淀补水等水质监测，共完成 373 测次，及时掌握了沿途水质状况，为输调水工作的有效实施提供支撑。辽宁省组织开展了以大伙房输水工程为重点的重要输供水工程沿线 51 处监测断面的水质监测工作。江苏省为保障淮北地区工农业生产及城乡生活用水，在通榆河北延抗旱应急调水及江水北调抗旱应急供水期间，分别针对盐城市、连云港市、徐州市、宿迁市沿线共 23 个监测站点开展水质监测，完成水质监测 400 余站次，共计获得水质监测数据 2000 余个，编发报告 39 期。四川省在枯水期对岷沱江流域 16 个重要调水节点开展水质监测。云南省完成牛栏江—滇池补水工程 83 个站点和滇中引水工程水源区 2 个站点的月度水质监测工作。太湖局水文局组织开展引江济太期间主要调水河道、金泽水库太浦河来水水质监测工作。

各地水文部门积极开展服务河湖长制水质监测工作。太湖局水文局实施上海市青浦区青东地区河长制水质监测任务，每月对青东地区约 96 条河道开展常规水质指标监测。上海市水文总站按照市河长办的要求，牵头优化调整全市水质监测站点，依托上海市河长制工作平台，整合市、区水务部门和生态环境部门已有的监测资源，在全市河湖上分别布设市控、区控、镇控监测考核断面 4016 个（图 8-3），补充跨区界河湖断面，建立全市水质监测一张网，为全面评估全市河湖水质状况，实施各级河长考核提供了科学依据。上海市还组织 12 个相关区的河长办对苏州河环境综合整治四期工程 2084 条支流的 2152 个断面按季度开展水质监测，并将监测结果及时报送市、区河长办。福建省积极配合各级河长办做好专项水质监测和河流健康评估，完成 259 个监测站点的地表水监测，8 个断面的藻类监测，90 个断面的富营养化监测，27 处地下水站和 111 个乡镇交界和水库监测站的水质监测，为河长办研究解决水污染防治重点和难点问题提供技术支持。重庆市组织开展全市流域面积 50km^2 及以上的 510 条跨界河流水质监测工作，为河长制提供技术服务。四川省在枯水期对省级领导担

N

图例	
▼	监测断面

图 8-3 上海市 4016 个水质监测考核断面

任总河长的 10 条大江大河开展了市（州）界和部分县（区）界断面水质监测，监测成果及时上报省河长办及水利厅。

各地水文部门不断拓展水生态调查与监测。太湖局水文局定期开展太湖水源地蓝藻调查监测和蓝藻水华短期预警预报工作；开展太湖、望虞河等流域重要水体包含浮游植物、浮游动物、底栖动物、高等水生植物和鱼类等 5 大水生生物群落的水生态调查监测；持续开展 DT-X 多功能回声探测走航式调查太湖沉水植物盖度分布工作。河北省在岗南水库、黄壁庄水库、大浪淀水库、衡水湖等四个湖库开展藻类监测工作。江苏省开展辖区内大型水库和湖泊藻类监测工作，并选择性开展浮游动物、底栖动物、着生生物及水生大型维管束植物监测；开展太湖巡查监测，全年累计巡查 217 天，巡查水域面积约 13.0 万 km^2，船只航行里程约 4.9 万 km，获得第一手巡查数据 10 万余条。浙江省对 15 个重要水库型饮用水源地藻类和 21 处重要水域浮游动物开展监测，并在月均气温最高的 8 月组织开展了一次浮游植物普查监测，全年总检测指标约 6000 项次。湖北省在武汉东湖、洪湖湿地等 32 个监测站点开展藻类监测，按照"一湖一库一湿地一流域"的总体布局，在恩施土家族苗族自治州、宜昌市等 6 个市州开展水生态监测。广东省开展了 150 座重要供水水库藻类监测与调查分析工作，并结合水文气象条件，对藻类水华发生风险进行分析评估，每季编制一期水库水生态简报。贵州省对承担向贵阳市供水任务的红枫湖、阿哈水库开展藻类监测。云南省对九大高原湖泊和州市政府所在地重要城市饮用水水源地共计 46 个监测站点开展了浮游植物、浮游动物的监测。青海省在三江源、青海湖等重点地区湖泊河段设立水生态监测站 28 处，分别在 5 月、7 月、9 月开展了 3 次水质、水量、水生生物采样监测同步水生态调查监测工作。

各地水文部门持续推进城镇及农村供水安全保障水质监测。长江委水文局完成长江流域农村饮水安全水质抽查任务（图 8-4），组织协调湖北、湖南、重庆、四川等 4 个省（直辖市）水文部门进行流域联动，对 12 个县 78 个乡镇的农村供水工程水质状况进行抽检，采集出厂水、末梢水、水源水等水质样品共115份。黄委水文局组织对陕西、甘肃、宁夏、青海等4个省（自治区）10个县35个农村供水工程的出厂水、末梢水和水源水开展水质采样与监测工作（图8-5）。太湖局水文局开展太湖流域与东南诸河区重要水源地监督监测，选取纳入水利部重要水源地名录的6个重要水源地开展了1次109项全指标分析与评价工作，开展阳澄湖饮用水水源区水质应急监测1次；组织开展太湖局承担的福建、江西和海南等省农村供水工程的水质监督监测工作，并对地方农饮水监督人员开

图 8-4　长江委水文局采集京山市杨集镇铜冲村水源水水样

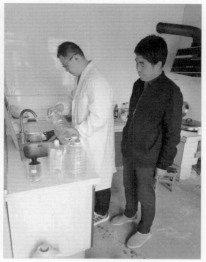

图 8-5　黄委水文局农村供水工程水质采样

展监测技能培训。浙江省开展全省农村饮用水达标提标行动水质抽检工作，派出 20 个督查组，开展了近 50 人次的明察暗访及水质抽检工作，督查范围覆盖 7 个地市的 20 个县（市、区），全年共抽检农饮水水样 700 余点次。湖南省全年共完成全省 238 个千吨万人农村饮水点的监督性水质监测，编制完成 2 期《全省农村饮水水质监督性检测情况通报》。海南省对全省定安县、屯昌县等 10 个县城的原水、出厂水和管网水水质进行抽样检测。云南省组织开展定点扶贫村鲁底村农村饮水安全水质采样、检测及水源调查工作。甘肃省对会宁县 80 个农村饮水样品进行水质检测并及时出具了检测报告。宁夏回族自治区每月定时对闽宁镇供水水源开展水质检测，分析水质超标项目和原因。

此外，各地水文部门结合工作实际开展了其他专项水质监测。长江委水文局组织指导上游水文水资源勘测局水质监测中心、汉江水文水资源局水质监测中心，分别对金沙江向家坝库区船只倾覆油污染事件及十堰市郧阳区梅铺镇滔河污染事件进行应急调查。松辽委水文局完成黑龙江干流上游、中游和额尔古纳河干流国际界河水质监测分析工作。太湖局水文局开展长三角一体化示范区生态核心区的淀山湖、元荡和"蓝色珠链"区域湖荡的底泥沉积物采样监测工作，涉及 8 个湖荡，40 个监测点位的物理性状、营养盐成分、重金属和有机污染指标监测，为长三角一体化生态示范区核心示范区的生态修复提供了技术支撑。上海市组织开展水质监督性监测，对全市已建成的农村生活污水处理设施，抽取约 780 个开展农村生活污水水质的监督性监测（图 8-6），开展"三查三访"水质监测，为河湖长效管理提供依据。江苏省开展"3·21"响水化工厂爆炸事故水质应急监测（图 8-7），在爆炸事故的核心区以及周边水体连续开展 24h 不间断监测工作，持续监测 20 余天，编制水质应急监测快报 20 期。河南省开展农业灌溉用水水质监测，全年共监测全省 38 个大型灌区的 48 个水质监测点，监测频次为春灌期、秋灌期各一次，监测项目为 14 项水质指标。广东省对 54 条跨地市河流的 59 个地市界断面进行水质监测，针对青溪水库、石

图 8-6 上海市农村生
活污水水质监测

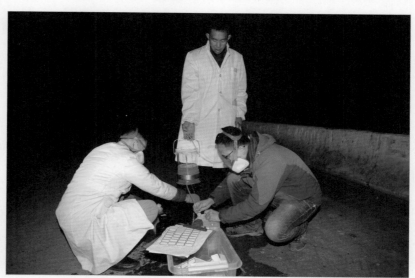

图 8-7 江苏省"3·21"
响水化工厂爆炸事故水
质应急监测

窟河流域两起藻类水华事件开展持续监测，其中青溪水库监测相关数据和成果
得到省领导重要批示。广西壮族自治区开展 52 处四大干流县级以上行政区界
断面和 40 处四大干流主要一级支流交汇处断面的水质监测，43 处跨设区市界
河流交接断面水质水量和 17 处主要入河排污口的水质水量监测，以及 32 座水
库灌溉用水常规监测工作。四川省对 160 座大型、中型和具有人饮功能的重要
小型水库开展水质监测，成果应用于四川省农灌水水质评价。甘肃省全年完成
省内 18 个 30 万亩以上大型灌区的水质监测工作。

二、水质监测管理工作

1. 持续加强水质监测质量与安全管理

水利部持续加强水利系统水质监测质量管理，印发《关于开展 2019 年水利系统水质监测能力验证工作的通知》（办水文〔2019〕77 号），组织开展能力验证工作。2019 年能力验证项目从国家级 C 类项目提升为 B 类项目，进一步增强了工作权威性、公信力，实施完成 313 家水利系统单位和 148 家其他部门、社会检测机构的能力验证初测与补测工作。部署开展水质监测质量与安全管理自查与整改工作，印发了《水利部水文司关于做好水质监测质量与安全管理工作的通知》（水文质函〔2019〕14 号），并根据各单位自查情况，组织 10 个专家组以飞检形式对 30 家监测机构进行了水质监测质量与安全现场抽查复核。

各地水文部门持续加强水质监测质量和安全管理工作。天津市重点改造了易制毒试剂室，安装了防爆柜、通风系统，并在仓库安装应急灯，在重点实验室安装防爆灯。内蒙古自治区编制印发《内蒙古自治区水环境监测中心安全管理制度实施细则》和《内蒙古自治区水环境监测中心实验室安全事故应急处置方案》。浙江省组织 11 个地市的 37 名技术骨干开展水质监测等三个方面安全生产管理工作情况的全省安全生产大检查，印发了《浙江省水文管理中心关于全省安全大检查情况的通报》和限期整改要求。山东省组织开展全省 16 个水质实验室氨氮、总氮、挥发酚、总磷 4 个项目的实验室比对试验，确保采用检测方法的正确性、有效性。河南省编写完成《河南省水环境监测中心实验室安全事故应急预案》。湖南省印发《关于做好 2019 年全省水质监测大型仪器设备检验 / 校准工作的通知》和《关于进一步加强全省水环境监测实验室安全管理工作的通知》。云南省印发《关于全省实验室安全生产和危险化学品检查发现问题及整改要求的通知》，编写《云南省水文水资源局危险化学品管理责任书》，于 11 月召开视频会议进行"实验室化学品安全培训"。

2. 积极探索水质监测评价新技术新方法

各地水文部门积极探索水质监测评价新技术新方法，创新工作新思路。太湖局水文局基于机器学习技术，在贡湖实验站探索开展了蓝藻聚集形态高清图像识别。天津市开展"卫星遥感监测系统对黑臭水体的应用"课题，研究利用卫星遥感系统进行黑臭水体监测。广东省启动流溪河水生态监测试点工作，逐步拓展底栖硅藻、底栖动物等监测项目，进行遥感水质监测试验与应用，并结合水质水量监测指标，努力满足全方位的水生态环境评价和水生态保护需求。四川省购置使用水质自动无人采样船、水质自动采样无人机，利用新设备开展红外分光光度法（HJ 637—2018）和紫外分光光度法（HJ 970—2018）测定石油类的比对实验研究；与长江水资源保护科学研究所联合开展沱江流域重要河湖健康评估，对河流水环境、水生态、河湖水系连通、河流岸线开发利用等多方面、多维度开展研究，评价沱江健康状况，探索沱江流域污染治理新方法、新思路。云南省制定《2019 年度水生生物监测能力提升工作方案》，集中 9 个地市水质分中心共 21 名技术人员，以藻密度自动检测仪比对检测为抓手，联合开展 20 个浮游植物样品比测，加大新技术的应用研究力度，收集常见种属图谱近 700 张，为逐步建立云南省湖库浮游动植物图谱图库做好基础准备。宁夏回族自治区申报水环境监测预警工程技术研究中心，顺利通过了自治区科技厅组织的专家论证，待自治区科技厅批准后正式组建，将促进水利行业水质监测能力进一步提升。

三、水质监测评价成果

全国水文系统积极开展水质监测评价工作，为各级政府及相关部门提供技术支撑和决策依据。2019 年，水利部水文司组织编制完成《2018 中国地表水资源质量年报》。太湖局水文局全年审核并发布太湖水质信息 177 期，发送蓝藻监测与预测短信 0.7 万条，审核并上报《太湖藻类监测月报》《水资源质量月报》《主要入太湖河道控制断面水资源质量状况通报》等 28 期。辽宁省将重要饮用水水源地水质监测评价结果通报地方人民政府及省生态环境部门。黑龙江省每月将 90 个常规水质站监测成果编制形成全省重点水域水质状况通报、省级重点河流水质基本情况评价报表报送省河长办。江苏省全年编发 18 期《江苏省城市地表集中式饮用水源地水文情报》，4 期《长江江苏段入江河道水质监测专题报告》，39 期《通榆河北延送水工程抗旱应急调水水质监测结果》和《江水北调沿线地区抗旱应急供水水质监测简报》，217 期《太湖巡查简报》等。江西省与生态环境部门基本实现站网资源、监测信息、监测成果"三共享"。重庆市整合 712 个行政区界、入河口断面监测评价成果和 120 个环保监测断面成果，形成《重庆市河长制水质监测月报》。云南省编制完成《云南省主要江河湖库水资源质量通报》《云南省重点湖库水生生物年报》《云南省省级河长水质月报》等。陕西省编制了重点河段水资源质量通报、省级河长制湖长制河流水资源质量简报、秦岭北麓水资源质量通报等报告。

第九部分

科技教育篇

2019 年，全国水文系统继续加强水文科技和教育培训工作，水文科技能力和人才队伍整体素质稳步提高。加强水文科技管理工作，以需求为导向，开展重大课题研究和关键技术攻关，承担了一系列水文基础理论和应用技术的科研项目，形成一批科研成果，举办各类水文管理和业务技能培训班，增强水文职工行业管理和业务工作能力。

一、水文科技发展

1. 全国水文科技项目成果丰硕

2019 年，"水文支撑解决四大水问题战略研究"课题被列为水利重大政策科技专题，水利部水文司组织南京水科院和相关协作单位，分析水文短板和不足，组织开展课题研究工作。各地水文部门结合业务工作需要积极开展水文科技研究，2019 年期间，各级水文部门承担科技部、水利部以及各省（自治区、直辖市）年度立项在研项目共计 160 项、新立项科技项目 76 项。全年共有 21 个科技项目荣获省部级及以上科技进步奖，其中，获得国家科技进步奖特等奖 1 项（图 9-1）、二等奖 1 项，省（部）级一等奖 4 项、二等奖 8 项，三等奖 7 项。有关获奖情况详见表 9-1。

图 9-1　长江委水文局主要参与完成的"长江三峡枢纽工程"获 2019 年度国家科学技术进步奖特等奖

表 9-1　2019 年获省（部）级荣誉科技项目表

序号	项目名称	主要完成单位	获奖名称	等级
1	长江三峡枢纽工程	中国长江三峡集团有限公司、水利部长江水利委员会、长江勘测规划设计研究院、中国能源建设集团有限公司、中国电力建设集团有限公司、哈尔滨电机厂有限责任公司、东方电气集团东方电机有限公司、中国长江电力股份有限公司、中国三峡建设管理有限公司、三峡机电工程技术有限公司、中国葛洲坝集团股份有限公司、长江水利委员会长江科学院、中国水利水电科学研究院、水利部交通运输部国家能源局南京水利科学研究院、清华大学、河海大学、武汉大学、长江水利委员会水文局、中国水利水电第八工程局有限公司、中国水利水电第四工程局有限公司、中国葛洲坝集团机电建设有限公司、中国葛洲坝集团三峡建设工程有限公司、长江三峡技术经济发展有限公司、中国电建集团西北勘测设计研究院有限公司、天津大学、中国科学院水生生物研究所、中国科学院电工研究所、长江流域水资源保护局、水电水利规划设计总院、三峡大学	国家科技进步奖	特等奖
2	复杂水域动力特征和生境要素模拟与调控关键技术及应用	清华大学、西南科技大学、中国长江三峡集团有限公司、长江水利委员会水文局长江上游水文水资源勘测局	国家科技进步奖	二等奖
3	长江上游水库群防洪兴利适应性调控关键技术及应用	华中科技大学、中国长江电力股份有限公司三峡水利枢纽梯级调度通信中心、国家电网公司华中分部、长江水利委员会水文局、长江水利委员会长江科学院	教育部科学技术进步奖	一等奖
4	基于滴漫灌溉的河谷林草生态保护关键技术及应用	新疆阿勒泰地区水利水电勘测设计院、阿勒泰地区水利局、阿勒泰水文勘测局	新疆维吾尔自治区科学技术奖	一等奖
5	机载可定制多光谱成像生态感知的关键技术及应用	同济大学、上海同繁勘测工程科技有限公司、上海市测绘院、上海市岩土工程检测中心、上海市水文总站	中国测绘学会测绘科技进步奖	一等奖
6	吴淞口水势河势及河口形态优化利用研究与应用	上海市水利工程设计研究院有限公司、上海河口海岸科学研究中心、上海海事大学、上海市水文总站	上海市优秀工程咨询成果咨询水平	一等奖
7	新水沙条件下荆江河床演变规律与崩岸模拟技术及其工程应用	武汉大学、长江水利委员会长江科学院、长江水利委员会水文局	教育部科学技术进步奖	二等奖
8	变化环境下辽宁省雨洪计算新理论新方法研究与应用	辽宁省水文局、南京水利科学研究院、武汉大学	辽宁省科技进步奖	二等奖

续表

序号	项目名称	主要完成单位	获奖名称	等级
9	中小河流洪水测报技术创新与应用	辽宁省河库管理服务中心（辽宁省水文局）、辽宁省营口水文局、南京水利科学研究院、大连理工大学大学	辽宁省科技进步奖	二等奖
10	青藏高原湖泊地理信息精细感知关键技术	长江水利委员会水文局	湖北省科技进步奖	二等奖
11	基于传感网的巨型水库群水文泥沙综合信息智能服务关键技术及应用	中国三峡建设管理有限公司、长江水利委员会水文局、武汉大学、三峡金沙江云川水电开发有限公司、武汉吉嘉时空信息技术有限公司	云南省科学技术进步奖	二等奖
12	甘肃省渭河河流健康研究	甘肃省水文水资源局	甘肃省科技进步奖	二等奖
13	长江中下游河道动态监测关键技术研究与应用	长江水利委员会水文局	中国测绘学会测绘科技进步奖	二等奖
14	通航河段特拉锚垫生态护岸技术研究与应用	重庆交通大学、重庆诺为生态环境工程有限公司、长江重庆航运工程勘察设计院、广东水利电力职业技术学院、长江水利委员会水文局长江上游水文水资源勘测局、贵州省交通规划勘察设计研究院股份有限公司	中国航海学会科学技术奖	二等奖
15	基于空天地多源信息同化的陆气耦合洪水预报研究与应用	河北省水文水资源勘测局	河北省科技进步奖	三等奖
16	地下水水量水位双控评估指标体系研究	河北省水文水资源勘测局	河北省科技进步奖	三等奖
17	基于新安江模型的淮河上游土地利用变化的水土流失效应模拟应用	河南省水文水资源局	河南省科技进步奖	三等奖
18	河南省水库型饮用水水源地水质风险评估及保障体系	河南省水文水资源局	河南省科技进步奖	三等奖
19	基于大数据的重庆市山洪灾害监测预警系统构建及应用	重庆市水旱灾害防御中心、中国水利水电科学研究院、长江水利委员会长江科学院、长江水利委员会水文局长江上游水文水资源勘测局、重庆博通水利信息网络有限公司	重庆市科技进步奖	三等奖
20	楚雄州气候资源与特色农业开发利用研究	楚雄州气象局、云南省水文水资源局楚雄分局	云南省科技进步奖	三等奖
21	高寒湖泊地理国情信息关键技术与工程应用	西藏自治区水文水资源勘测局、长江水利委员会水文局	西藏自治区科学技术奖	三等奖

水文科技项目紧密围绕可持续发展水利的科技需求和当前水文业务发展的难点问题，在水循环演变、气候变化影响、干旱灾害成因、水文监测预警、水资源水生态调查分析评价等领域的基础理论、业务应用、技术创新、成果推广方面，开展了大量的现场实验、分析研究和应用实践，取得了丰硕成果，有力支撑了各项水文业务工作和水文事业发展。

2. 水质科研成果突出

2019年，长江委水文局实现了水环境方面科技奖项新突破，《面向流域水生态修复的河湖水环境信息提取关键技术及应用》项目获2019年度长江水利委员会科学技术一等奖；《基于微萃取机理的现场样品前处理方法开发及在水环境中重金属污染物形态分析应用研究》获国家自然科学基金资助；《新型薄膜扩散梯度（DGT）被动采样技术》获批水利部2019年水利先进实用技术重点项目。太湖局水文局承担的"十三五"水专项"多工况条件下金泽水库取水安全调控技术研究"，完成了太浦闸（泵）—金泽水库—松浦大桥取水口常规水质超标联合调度方案研究，突发水污染事件联合调度机制正加快建成；依托国家重点研发计划专题"基于大数据技术的湖泊藻华暴发风险预判预警"，开展了环湖风场、前期积温与藻华迁移特征的研究，为提高蓝藻预测预报精度打下坚实的理论基础。天津市完成《天津市常见淡水藻类图谱》，填补了天津市水生态监测影像资料的空白，并为藻类实时监测和长期生态变化规律研究打下基础。河北省完成"沧州市水生态保护与修复关键技术研究及应用""河北省地下水环境演变成因研究""白洋淀水生态环境调查与健康评估"等6个课题的验收，分获河北省水利学会一等奖、二等奖。上海市中小河道水质航空遥感监测，通过1年多的联合攻关，取得了一系列的成果，包括通过基于空、地、水同步光谱和水质监测数据，建立了典型水质参数的遥感识别模型，识别精度均优于70%；提出了基于光谱二阶微分波段指数的水质类型识别方法，劣Ⅴ类水识别精度优于80%；基于星载10m空间分辨率的多光谱遥感数据，提出综合水质指数法，水质类型识别精度优于70%；建立了基于低空无人机载轻小型成像光谱仪的河道水质识别方法，在太仓市、沈阳市等地小河道水质监测中得到应用。河南省承担省科技厅立项的"河南省地表水源中典型PPCPs赋存特征及控制技术研究"于年底通过验收，《河南省水资源监测能力建设（二期）实施方案报告》和《河南省典型区域面源污染入河量核算》分别获得"河南省水利创新成果一等奖"。广东省完成"广东省河流水生态健康评价指标体系及评价方法研究"科技创新项目。

3.《水文》杂志

2019年，《水文》杂志共完成6期正刊《水文》的审稿、编辑、校对、出版及发行等工作，共收稿和审查编辑论文475篇，经审查录用发表论文100篇，约75万字，总发行12600册。《水文》杂志继续保持中国科学技术研究所的"中国科技核心期刊"、北京大学图书馆的"全国中文核心期刊"和中国科学院文献情报中心的"中国科学引文数据库来源期刊"称号，发挥了我国水文专业权威性科技期刊的作用。

10月，《水文》杂志编辑部在南京召开《水文》杂志编委会年度工作会议。一年来，编辑部围绕水文行业科技发展趋势，积极向全国水文领域知名学术团队和专家约稿"中小河流洪水形成机理""地下水生态水位及其调控""水文干旱""坡面冻土水文过程"等相关主题文章。自2019年第一期起将杂志栏目调整为"基础研究""技术应用"和"区域规律"，积极展示水文科学研究进展与技术应用成果，为推进提升水文现代化的能力与水平贡献力量。此外，编辑部与中国知网（简称知网）签署《CAJ–N网络首发学术期刊合作出版协议》，借助知网平台满足优秀科技成果时效性的需求，同时为读者检索和利用刊物创造有利条件。2019年，《水文》杂志通过注册期刊DOI（数字对象标识符），为每篇文章数字化信息提供永久和唯一的标识，提高了发表论文的数字检索效率和传播力。

二、水文标准化建设

2019 年，水利部水文司组织梳理水文行业标准，完成水利技术标准体系表水文技术标准体系的修订工作，水利部水文司主持（含第二主持单位）的标准由 195 项优化调整为 133 项。其中，鉴于标准老化过时、操作性不强等问题，废止 23 项，鉴于局部标准过多、过细、过散等问题，将 39 项与其他相关标准合并；根据工作需要，提出新增技术标准需求 31 项，其中站网规划类 1 项，水资源监测与评价类 1 项，水质监测与评价类 26 项，地下水监测与评价类 3 项；同时持续推进完善水文监测、水文仪器有关标准的制修订工作。

水利部组织完成 2019 年财政经费标准制修订项目《水文强制性标准》《称重式雨量计》《土壤水分检测仪器检验测试规程》《冰封期冰体采样与前处理规范》制定、《声学多普勒流量测验规范》《水文资料整编规范》《水文年鉴汇编刊印规范》修订等 7 项技术标准，完成《地下水监测工程技术规范》《水文基础设施建设及技术装备标准》等 2 项 2019 年前期经费项目的立项工作。黄委水文局主持修订了水利行业标准《水文基础设施建设及技术装备标准》，协同水利部水文司编制完成《水文现代化建设技术装备有关要求》；编制《黄委水文局水文测站功能评价暂行规定》及水文测验新技术应用指导意见。长江委水文局完成《水文应急监测技术导则》的报批与实施，完成了《水文资料整编规范》《声学多普勒流量测验规范》修编的项目启动、初稿编制和《城市水文监测与分析评价导则》修编的项目启动工作。

三、水文人才队伍建设

1. 加强水文专业人才教育培训

2019 年，全国水文系统以新时代中央治水方针和水利改革发展新思路为指导，以提升水文人才队伍整体水平、做好水文支撑为目标，结合工作实际，面向各级水文管理干部、技术骨干、技能人员开展了全方位、多层次教育培训，全国省级及以上部门组织开展有关水文培训班共计343个，培训1.92万人次，提升了水文人才队伍水平，收到了良好的效果。

按照2019年培训计划，水利部举办了"水文管理能力培训班"和"全国水文现代监测技术培训班"两期全国性业务技术管理培训班，分别面向全国水文系统不同层次、不同业务领域的管理干部和技术骨干，共培训学员110名。培训班内容包括习近平生态文明思想、水利改革发展总基调、水文行业管理组织执行力提升、大数据技术及在水利水文的应用，以及水文现代化建设与实践、新技术在水文测报中的应用等，受到学员的广泛好评，对于各级水文部门加快转变工作思路，落实水文现代化发展理念，支撑水利改革和经济社会发展具有重要意义。

各地水文部门结合自身实际，因地制宜开展内容丰富的教育培训活动，对提升业务干部、技术人才和管理人员等水文队伍的整体能力水平起到了良好作用。黄委水文局加强职工培训管理，先后举办安全生产培训班、黄河水文应急监测培训班、基本建设培训班、水文监测规范培训班、离退休党支部书记培训班、水情信息交换系统和水利卫星通信应用培训班等18个培训班，培训职工699人次。上海市专业技术培训务求实效，结合黄浦江上游及边界调查以及水文民兵整组点验集训等，开展ADCP流量测验实操培训及水文测验应急演练。福建省举办了"水情业务培训班""中小河流监测系统运行维护管理培训班""习近平新时代中国特色社会主义思想培训班"等7个培训班，共255人次参加，内容涵盖站网、水情、水质、水资源、党建、人事等，对提升水文队伍业务水平以及党建、人事工作管理水平起到了积极的作用。广西壮族自治区举办综合培训班4期、专业技术培训班8期，共600多人参加培训；举办"智慧水文"新技术应用专题讲座1期，共400多人参加。重庆市制定水文人才5年发展规划，强化干部教育培训，组织西部发展水文专修班、水质监测理论培训和上岗考核、水情洪水预报等业务技术培训班 30 次，参训人员达 300 余人次；举办水文宣传、党建综合培训班 10 次，参训人员达 110 余人次。

各地水文部门重视和加强水文情报预报业务培训和人才培养。江苏省出台《江苏省水利厅水文首席预报员管理办法》，组织开展全省水文首席预报员申报及评审工作，水文预报员队伍建设取得突破。广东省制订并印发《广东省水文首席预报员管理实施办法》，遴选聘任了第一批 14 名广东省水文首席预报员。福建省在全省水文系统内选拔聘任 13 名水文首席预报员，建立贯穿省—市—县三级的首席预报员队伍。5 月 21—22 日，河北省总工会、人力资源和社会保障厅、水利厅在石家庄联合举办河北省水文预报技术竞赛，竞赛内容分为综合业务基础理论、洪水预报方案编制与洪水预警预报及日常业务应用等，激发了广大职工学习钻研水文测报业务的积极性（图 9-2）。12 月 18—19 日，江西省举办首届水文情报预报技术竞赛，竞赛分为综合业务基础理论笔试、情报预报业务现场操作和重要水情事件会商实演三部分，来自全省水文系统 11 支代表队共 33 名选手参赛，取得良好的锻炼效果。

图 9-2　河北省水文预报技术竞赛

2. 多渠道培养水文技能人才

各地水文部门高度重视水文技能人才培养，开展形式多样的技能培训、竞赛、技能鉴定等工作，培育业务一流的水文技能人才队伍。长江委通过"传、帮、带"、技能等级鉴定、以赛促学等方式全面培养和选拔技能人才，开展完成了涉及水文、河道、水质、泥沙四个专业、共有86人参加的水文勘测工技能鉴定等工作。河北省举办"河北省水文勘测技能竞赛"（图9-3和图9-4），充分调动全省学习水文知识、提高专业技能、增长真知才干的积极性，为水文科技创新发展提供人才资源保障。江苏省承办全省首届水质监测技能竞赛，省级"陈磊技能大师工作室"授牌，并出台了技师工作室管理办法。江西省坚持"5515"人才工程为主线，着力构建"应知应会24学分制"和"水文专业技术能力评价"两项晋升评价指标体系，建立水文勘测、水质监测、水情预报三项技能大赛长效机制，有针对性地举办基层水文管理、行政管理、水文水资源专修、新录用公务员"四个能力"提升班，遴选组建水文测验、水情预报、水资源、水生态、信息化、规划建设以及管理六个专业技术创新团队和专业技术委员会。海南省积极推进院士工作站建设落户工作（图9-5）。

图9-3　"河北省水文勘测技能竞赛"开幕式（水文司副司长魏新平致辞）

图9-4　"河北省水文勘测技能竞赛"现场

图 9-5　海南省推进
院士工作站建设落户
工作

3. 稳定发展水文队伍

截至 2019 年底，全国水文部门共有从业人员 66623 人，其中：在职人员 25462 人，较上一年减少 160 人；委托观测员 41161 人，较上一年增加 25 人。现有离退休职工 17465 人，较上一年增加 247 人。

在职人员中：管理人员 2544 人，占 10%，与上一年持平；专业技术人员 18789 人，占 74%，较上一年增加 2 个百分点；工勤技能人员 4129 人，占 16%，较上一年减少 2 个百分点（图 9-6）。其中专业技术人员中：具有高级职称的 5507 人，占 29%，较上一年增加 2 个百分点；具有中级职称的 6591 人，

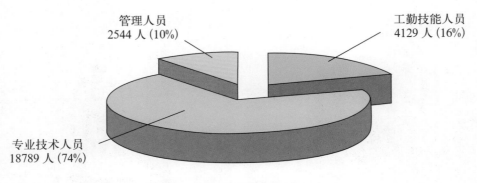

管理人员
2544 人 (10%)

工勤技能人员
4129 人 (16%)

专业技术人员
18789 人 (74%)

图 9-6　水文在职职工结构图

占 35%，与上一年持平；中级以下职称的 6691 人，占 36%，较上一年减少 2 个百分点（图 9-7）。在职人员中，专业技术人员数量与比重均有增加，同时专业技术人员中具有高级职称和中级职称的人员逐年增长，与水文服务领域不断拓展、高科技技能人才需求不断增长的水文业务基本相匹配。

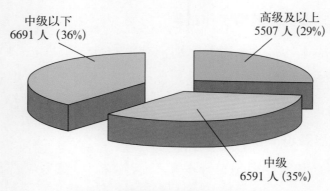

图 9-7　在职职工专业技术人员结构图

附 录

2019 年度全国水文行业十件大事

1. 水文工作首次列入政府工作报告

2019 年《政府工作报告》中要求加强和创新社会治理，"做好地震、气象、水文、地质、测绘等工作"，这是在历届政府工作报告中首次对水文工作提出明确要求。

2. 水文工作思路进一步明确

2 月 26 日，水利部在郑州召开水文工作会议。叶建春副部长在会上指出当前水文工作的主要矛盾是新时代水利和经济社会发展对水文服务的需求与水文基础支撑能力不足之间的矛盾，明确了水文改革发展的工作思路就是要紧紧围绕治水思路的转变，全面提升现代化水平，努力做好对水利和经济社会发展的"两个支撑"，要求水文工作要围绕水资源管理、水生态保护和防灾减灾等方面新的需求进行工作思路调整，使水文成为水利行业监管的尖兵和耳目。

3. 水文测报工作再立新功

2019 年，全国共出现 41 次强降雨过程，长江、黄河、淮河、珠江、松花江、太湖等六大江河流域发生 14 次编号洪水，共有 615 条河流超警、119 条河流超保，有 5 个台风登陆我国，南方出现伏秋连旱。全国水文部门超前部署，汛期水文测报工作精细，水文情报预报及时准确，为水库超汛限水位监管支撑成效显著，为保障人民群众生命财产安全、减轻洪涝干旱灾害损失做出了重要贡献。水利部水文司在组织各地水文单位开展自查工作的基础上，首次采取暗访的检查方式组织完成水文测站"百站检查"和地下水监测井的"千眼检查"，促进了水文测报质量的规范化管理。珠江三角洲及河口同步测验正式启动。

4. 启动《水文现代化建设规划》编制工作

为做好水文现代化建设顶层设计，水利部水文司启动《水文现代化建设规划》编制，依托先进科技手段和技术装备应用，确立监测手段自动化、信息采集立体化、数据处理智能化、服务产品多样化的现代化水文业务体系的发展方向和重点任务，该规划将作为专项规划纳入《"十四五"水安全保障规划》。地方现代化规划同步推进，《江西省水文事业发展规划（2017—2035 年）》已获批。山东、浙江、西藏等省区针对水文工作存在的突出问题和短板，加大水文基础设施建设投入力度，补齐短板，强化支撑。

5. 水文测报新技术研发推广取得良好效果

水利部水文司组织南京水利水文自动化研究所等单位在全国 50 处水文测站开展基于侧扫雷达的在线流量监测系统等 9 项水文测报新技术研发推广和示范应用，开展 270 个水文测站和 48 个水文中心新技术应用设备更新改造，印发了《水文现代化建设技术装备有关要求》和 6 项新技术成果应用指南，水文测报新技术研发推广取得了良好的成效。

6. 深入开展华北地区地下水超采综合治理水文监测工作

水利部水文司组织编制监测方案，安排部署地表水／地下水协同监测相关工作任务；海委、北京、天津、河北水文部门按照相关技术规范，认真开展监测工作，及时报送监测数据，进行逐月滚动分析评价，定期编制动态监测分析评价报告。在开展为期一年的河湖地下水回补试点工作中，河北省水文水资源局精心组织监测，编报分析评价成果，水文职工现场运行维护 1882 站次，有效提高了监测数据的准确性。这项工作的开展为河湖生态补水效果评估提供了详实的监测数据和分析评价成果，为综合治理行动和治理目标考核提供了科学依据。

7. 水文服务水利强监管取得突破

水利部水文司推动完成 53 条跨省江河水量监测省界断面监测站点建设任务，组织开展省界和重要控制断面水文监测与分析评价。长江委水文局参与长江大保护监管督查、取水工程核查、小型水库安全度汛专项督查等 12 项水利督查工作，精确测量 275 个岸线项目，现场核查 3000 多个涉河项目，积极参与长江流域全覆盖水监控系统建设、采砂管理规划编制以及《长江保护法》制定工作。各省、区、市水文部门制定水文服务河湖长制工作实施方案，积极服务河湖长制。福建省与各级河长办建立联席会商工作机制；江西省制作省内 10km²–50km² 的河流数字画像，并开展鄱阳湖 19 个子湖和 35 个碟形湖水环境调查；宁夏承担的河长制综合信息管理平台建设项目顺利通过竣工验收。

8. 水质监测工作进入新阶段

水利部印发《地表水国家重点水质站名录》，重新确定了反映我国江河湖库地表水水资源质量状况的基本站网布局。首次在水利系统开展高层次、大规模水质监测技能竞赛，由水利部、中国农林水利气象工会主办，水利部水文司业务指导，长江委、上海市水务局承办，上海市水文总站协办的"助推绿色发展，建设美丽长江"水质监测技能竞赛取得圆满成功。水质监测能力验证首次列入认监委国家级能力验证 B 类项目，对系统内外 400 多家实验室进行了考核。

9. 全面完成国家地下水监测工程建设任务

完成全国 10298 个站，1 个国家中心、7 个流域中心、31 个省级和新疆建设兵团和 280 个地市级中心等建设任务，40 个单项工程通过验收，质量合格，实现了对全国大型平原、盆地及岩溶山区 350 万平方公里地下水动态的有效监测。制定颁布《国家地下水监测工程水利部与自然资源部信息共享管理办法》。

10. 精神文明建设成果丰硕

长江水文情报预报中心水情室、江苏省水文局常州分局水质科、江西省鄱阳湖水文局水质室荣获"全国青年文明号"称号；河北省水文局水质处被全国妇联评为"全国巾帼文明岗"；河南省南阳勘测局团支部被评为"全国五四红旗团支部"。广西壮族自治区水文中心莫建英同志荣获第九届全国"人民满意的公务员"称号；长江中游水文水资源勘测局罗兴同志荣获全国农林水气象工会"绿色工匠"称号；全国 4 名水文职工入选第二届"最美水利人"。陕西省水文博物馆于 2019 年 6 月 28 日建成开馆。13 家水文单位和 14 名水文职工获得人力资源社会保障部和水利部表彰，荣获全国水利系统先进集体和先进工作者称号。水利部组织开展水情工作先进集体和先进报汛站评选表扬活动，共有 18 家水文单位和 41 个水文测站受到通报表扬。